AFRIKA-KARTENWERK

Herausgegeben im Auftrage der Deutschen Forschungsgemeinschaft
Edited on behalf of the German Research Society
Editado sob o auspício da Associação Alemã de Pesquisa Científica
von/by/par Ulrich Freitag, Kurt Kayser †, Walther Manshard,
Horst Mensching, Ludwig Schätzl, Joachim H. Schultze †

Redakteure, Assistant Editors, Editores-adjuntos: Gerd J. Bruschek, Dietrich O. Müller

Serie, Series, Série N
Nordafrika (Tunesien, Algerien)
North Africa (Tunisia, Algeria)
Afrique du Nord (Tunisie, Algérie)
Obmann, Chairman, Directeur: Horst Mensching

Serie, Series, Série W
Westafrika (Nigeria, Kamerun)
West Africa (Nigeria, Cameroon)
Afrique occidentale (Nigéria, Cameroun)
Obmänner, Chairmen, Directeurs: Ulrich Freitag, Walther Manshard

Serie, Series, Série E
Ostafrika (Kenya, Uganda, Tanzania)
East Africa (Kenya, Uganda, Tanzania)
Afrique orientale (Kenya, Ouganda, Tanzanie)
Obmänner, Chairmen, Directeurs: Ludwig Schätzl, Joachim H. Schultze †

Serie, Series, Série S
Südafrika (Moçambique, Swaziland, Republik Südafrika)
South Africa (Mozambique, Swaziland, Republic of South Africa)
África do Sul (Moçambique, Suazilândia, República da África do Sul)
Obmänner, Chairmen, Directores: Diethard Cech, Kurt Kayser †

GEBRÜDER BORNTRAEGER · BERLIN · STUTTGART

AFRIKA-KARTENWERK

S 5

Serie S: Beiheft zu Blatt 5
Series S: Monograph to Sheet 5
Série S: Monografia da folha 5

Adolf Friedrich Fabricius

Klimageographie — Südafrika

(Moçambique, Swaziland, Republik Südafrika)

23° 10′ — 26° 52′ S, 29° 50′ — 35° 40′ E

Geography of Climates — South Africa
(Mozambique, Swaziland, Republic of South Africa)

Geografia climática — África do Sul
(Moçambique, Suazilândia, República da África do Sul)

Mit 4 Figuren, 3 Tabellen im Text und 1 Tabelle im Anhang sowie Zusammenfassung, Summary und Sumário

1988

GEBRÜDER BORNTRAEGER · BERLIN · STUTTGART

Für den Inhalt der Karte und des Beiheftes ist der Autor verantwortlich.
The author is responsible for the content of the Map and Monograph.
Os autor são responsáveis pelos dados do mapa e da monografia.

Gedruckt im Auftrage und mit Unterstützung der Deutschen Forschungsgemeinschaft
sowie mit Unterstützung (Übersetzungskosten) durch das Bundesministerium für
Wirtschaftliche Zusammenarbeit (BMZ).

Umschlagentwurf: G. J. Bruschek, D. O. Müller
Satz und Druck: H. Heenemann GmbH & Co, D-1000 Berlin 42 — Printed in Germany

ISBN 3 443 28355 1

Professor Dr. Kurt Kayser (†) in Dankbarkeit gewidmet

Vorwort

Das vorliegende Beiheft bietet in erster Linie die Erläuterungen zur Karte S 5: Klimageographie — Südafrika des AFRIKA-KARTENWERKES der Deutschen Forschungsgemeinschaft. Darüber hinaus werden Aspekte der Klimagenese über dem südlichen Afrika aufgezeigt. Agrarmeteorologische Überlegungen durchziehen die gesamte Darstellung.

Diese Schwerpunktbildung ergab sich zum einen aus der Aufgabenstellung im Rahmen des AFRIKA-KARTENWERKS, zum anderen durch meine langjährige Tätigkeit als Meteorologe im Landwirtschaftsministerium in Pretoria. Herrn Prof. Dr. KURT KAYSER (†) verdanke ich die Anregung zur Mitarbeit am AFRIKA-KARTENWERK; ihm sei dieses Beiheft in Dankbarkeit gewidmet. Den Mitarbeitern Prof. Dr. HERBERT KERSBERG und Priv.-Doz. Dr. BERND WIESE gilt mein Dank für die fördernde Unterstützung bei der Fertigstellung des Beiheft-Manuskriptes. Ihre wissenschaftliche Zusammenarbeit und ihre Hilfe bei der formalen Gestaltung waren unentbehrlich.

Der Deutschen Forschungsgemeinschaft danke ich für die Bereitstellung einer Reisebeihilfe, die mir den Besuch von Südmoçambique und Swaziland sowie die persönliche Besichtigung aller Klimastationen im Untersuchungsgebiet ermöglichte.

Somerset West, Südafrika
im März 1986   A. F. FABRICIUS

Inhalt

Verzeichnis der Figuren

Verzeichnis der Tabellen

Contents

List of Figures

List of Tables

Conteúdo

Índice das Figuras

Índice das Tabelas

1   Einleitung

In subtropischen Ländern besteht eine sehr unglückliche, aber bei Farmern doch allgemein verbreitete Neigung, gelegentliche Perioden für die Ernteergebnisse besonders günstigen Klimas als den grundlegenden Mittelwert, als das „Normale" anzusehen. Dies ist insofern abwegig, weil es sich immer nur um relativ kurzlebige Zeitabschnitte handeln kann, auch wenn sie für mehrere Jahre einander auffolgen, dann aber abbrechen und von langanhaltenden, weniger günstigen Klimaperioden abgelöst werden. Letztere werden dann in der Farmergemeinschaft häufig als unvorhersehbare, unglückliche Unfälle der Natur aufgefaßt; für Mißernten muß dann der Staat, d. h. die Gemeinschaft des Volkes, zur Hilfe der Farmwirtschaft größte finanzielle Opfer aufbringen.

Es ist aber dringend nötig, daß eine zielbewußte Auswertung und Zusammenfassung aller verfügbaren Kenntnisse und Beobachtungsdaten der Meteorologie unternommen wird, um eine Formulierung zu finden, die wohlüberlegte Abläufe von wirkungsvoller und den Naturumständen angepaßter Agrarproduktion deutlich macht.

Dr. C. E. M. TIDMARSH, in seiner Zeit ein leitender Beamter des Landeswirtschaftsministeriums in Pretoria, äußerte auf einem wissenschaftlichen Kongreß im Jahre 1967: "All agriculture is constantly attended by considerable meteorological risk, and in South Africa it is frequently described as a gamble with nature. It is the duty of science therefore to make this vital operation as far as possible at least a calculated risk and so enable the landuser to adopt the necessary precautions against the known risks. It is further essential that the Department of Agricultural Technical Services should be able to provide the necessary guidance for the optimal development and use of every area in the country" (TIDMARSH 1967).

Diese Ausführungen, die auch im „Interim Report (1968)" als wegweisend angeführt wurden, können als Zusammenfassung von zahlreichen Gesprächen angesehen werden, die Tidmarsh über Jahre hinweg als Leiter einer agrarmeteorologischen Arbeitsgruppe im Landwirtschaftsministerium in Pretoria geführt hatte.

Mit diesen Maximen vor Augen wird hier die Anregung zu einer vorläufigen Risiko-Berechnung des klimatologischen Komplexes vorgelegt, um nach Möglichkeit zu einer konkreten Beantwortung der vorliegenden Fragen zur Darstellung homogener Agrarnutzungsgebiete zu kommen.

2.   Zur Erfassung der Klimatypen

2.1 Allgemeine Methodik

Planungen zum Zwecke optimaler Landnutzung erfordern u. a. die Abgrenzung klar definierter Klimatypen und Klimaräume. Der südliche Wendekreis in ca. 40 km Abstand vom oberen Kartenrand, d. h. von der Nordgrenze des Untersuchungsgebietes, stellt die mathematische Grenze zwischen Tropen und Subtropen dar. In diesem Übergangsbereich bildet das Auftreten oder Ausbleiben von Niederschlägen das entscheidende Kriterium für jede agrarökonomische Entwicklung. Die hygrischen Klimatypen spielen daher die Hauptrolle gegenüber den thermischen Klimatypen, die für die landwirtschaftliche Nutzung nur begrenzt von Bedeutung sind. Somit hat die Differenzierung der Begriffe „humid" und „arid" ein besonderes Gewicht. Für die Definition der Abgrenzungen lediglich Niederschlagsmengen zu verwenden, ist jedoch mindestens seit 1948 durch C. W. Thornthwaite als unzureichend nachgewiesen. Es gilt vielmehr, eine Relation zwischen Niederschlag und Verdunstung zu finden, die auszudrücken vermag, wieviel Niederschlag den Pflanzen bei einer den örtlichen Verhältnissen entsprechenden Verdunstung wirklich zur Verfügung steht.

In der von Thornthwaite entwickelten Verdunstungsformel ist ein Index für den Einfluß von Lufttemperatur und Tageslänge auf das Pflanzenwachstum empirisch bestimmt worden. Dabei wurde vorausgesetzt, daß den Pflanzen eine optimale Wassermenge zur Verfügung steht, so daß die Verdunstung vom Erdboden her und durch die Pflanzen selbst kompensiert werden kann. Diese gesamte Verdunstung wird als Evapotranspiration bezeichnet.

Es gibt eine Reihe von kritischen Einwänden gegen die etwas „unhandliche" Thornthwaite-Formel. Zahlreiche andere Ansätze zur Bestimmung der potentiellen Evapotranspiration (pEt) sind seither entwickelt worden, unter ihnen die von H. L. Penman, die für die Agrarmeteorologie besondere Bedeutung gewonnen hat. Diese und andere Formeln sind jedoch nicht ohne umfangreichen Berechnungsaufwand zu verwenden. Viele Formeln benötigen bestimmte Berechnungsparameter, die nur an wenigen, besonders ausgesuchten Beobachtungsstationen für einen genügend langen Meß-Zeitraum zur Verfügung stehen; sie sind deshalb nur regional begrenzt verwendbar.

Für den Zweck der hier vorliegenden Untersuchung wurde bewußt eine einfache Formel zur Berechnung der potentiellen Evapotranspiration verwendet. Ihre Berechnungsparameter können einem weit verbreiteten Beobachtungsnetz, das sich gleichwertig über internationale Grenzen erstreckt, entnommen werden.

Die wohl älteste Verdunstungsformel, von J. DALTON (1802) entwickelt, ist durch W. HAUDE (1958) und durch J. PAPADAKIS (1965) modifiziert worden; sie lautet:

$$E = 5{,}625 \, (e_{ma} - e_d).$$

Dabei bedeuten:

E   die monatliche potentielle Evapotranspiration in Millimetern,

e_{ma} der Sättigungsdampfdruck des Monatsmittels der täglichen Maximumtemperatur

e_d das Monatsmittel des Dampfdrucks in Millimetern.

In einer weiteren Veröffentlichung hat J. PAPADAKIS (1966, S. 23) ein Berechnungsschema für seine Formel angegeben und eine einfache Berechnungstabelle hinzugefügt. Dementsprechend werden lediglich Monats- und Jahresmittel der täglichen Maximum- und Minimum-Lufttemperaturen zur Bestimmung der pEt-Werte benötigt. Diese werden dann den Niederschlagswerten der betreffenden Periode zugeordnet nach der einfachen Relation:

$$I = \frac{N}{pEt}$$

Dabei bedeuten:

I   = Index
N   = Niederschlag in Millimetern
pEt = potentielle Evapotranspiration in Millimetern.

2.2 Spezielle Methodik

Für unseren Raum wurden aus dem vorhandenen Beobachtungsmaterial des Weather Bureau, Pretoria, sowie des Serviço Meteorologico de Moçambique, Maputo, die entsprechenden Monats- und Jahreswerte des Index I von 93 Stationen berechnet; sie sind im Anhang in einer Tabelle wiedergegeben. In dieser Tabelle sind die Stationen mit Kennziffern und Namen, Koordinaten und Höhenangaben aufgeführt; außerdem sind, für Lufttemperaturen und Niederschlag getrennt, die jeweilige Länge des Beobachtungszeitraumes in Jahren angegeben. Die Daten geben die Mittelwerte der betreffenden Beobachtungsperiode wieder:

Niederschlag in mm = erste Zeile
potentielle Evapotranspiration in mm = zweite Zeile
Index-Werte nach Papadakis = dritte Zeile
Maximum-Temperaturen in °C = vierte Zeile
Minimum-Temperaturen in °C = fünfte Zeile.

Auf der Karte S 5 sind zur Identifikation der Stationen nur die Kennziffern der Orte verwendet.

In der vorliegenden Untersuchung wird der Index-Wert des Verhältnisses „Niederschlag zu potentieller Evapotranspiration", wenn er gleich 1,000 ist, als Gleichgewicht betrachtet: Dieser Wert repräsentiert die klimatische Trockengrenze. Die Berechnungen sind bis zur 3. Dezimale durchgeführt; die letzte Stelle wurde jedoch nur zur üblichen Auf- und Abrundung benutzt. Wenn also der Index-Wert I = 1,00 ist, so kann angenommen werden, daß die klimatischen Bedingungen des Feuchtigkeitsparameters für optimales Wachstum zu 100 % erfüllt sind.

Es wurden schließlich sieben hygrische Klimatypen bestimmt, deren Abgrenzungswerte wie folgt gewählt, benannt und in KS 5 farbig unterschieden wurden:

Index-Werte I
> 1,20   = perhumid
1,20—0,81   = humid
0,80—0,61   = subhumid
0,60—0,46   = semihumid
0,45—0,31   = semiarid
0,30—0,21   = subarid
0,20—0,11   = arid
< 0,10   = perarid

Der in diesem Zusammenhang denkbare Begriff „perarid" kommt in unserem Karten-bereich nicht vor. Auch die Begriffe „arid" und „subarid" sind sehr unsicher abgegrenzt und als solche auf der Karte vermerkt, da ihre Grenzwerte nur durch Extrapolation annä-hernd bestimmt werden konnten.

Um für den stationslosen Raum des Distriktes Gaza in Moçambique (nordwestlich des Limpopo) wenigstens annähernd realistische Aussagen machen zu können, wurden zu-sätzlich zu den 91 Beobachtungsstationen noch die Werte von 2 Stationen außerhalb des Kartenbereichs mit herangezogen. So war es möglich, wenigstens durch Extrapolation diesen Raum mit abzudecken. Es sind dies Funhalouro (92) und Pafuri (93), deren Klima-daten ebenfalls in der *Tabelle des Anhangs* aufgeführt sind; ihre Plazierung wurde auf dem Nordrand der Hauptkarte bei den jeweiligen Längengraden angedeutet.

Die hygrischen Klimatypen wurden mit Hilfe von Isolinien der Index-Werte abge-grenzt und durch Farben hervorgehoben: Blaue Töne wurden für „perhumid" und „hu-mid" verwendet (I größer als 0,81), grüne Töne für die etwas trockeneren Gebiete (I = 0,80—0,46). Im Gegensatz zur klimatischen Trockengrenze (I = 1,00), die zwi-schen 1,20 und 0,81 variieren darf, liegt die agronomische Trockengrenze bei I = 0,45. Diese bedeutungsvolle Grenzlinie des Regenfeldbaues wird durch die Trennung von „grün" und „gelb" hervorgehoben, wobei „gelb" bereits als das Grenzgebiet zum regenar-men, aber warmen und verdunstungsreichen Trockenraum anzusprechen ist und somit den Begriff „semiarid" repräsentiert. Es folgen dann die Bezeichnungen „subarid" in orange und „arid" in brauner Farbtönung. Alle diese Gebiete sind durch Linien abge-grenzt, denen Säume von wechselnder Breite entsprechen. In Zeiten von länger anhalten-den Niederschlägen und damit verbundener geringerer Verdunstung (als Folge niedrigerer Lufttemperaturen) verlagert sich die agronomische Trockengrenze mehr in Richtung des geringeren mittleren Niederschlags. Im Gegensatz dazu wandert sie in Zeiten anhaltender Trockenheit, verbunden mit stark erhöhter Verdunstung, weit in den Bereich höheren mittleren Niederschlags. In diesem Fall erhöht sich das Risiko für den Farmer sehr erheb-lich. Die Definition von B. ANDREAE (1974), daß „die Trockengrenze des Ackerbaus ein ökonomisches Phänomen in ökologischen Grenzen ist", findet in unseren Überlegungen ihre Bestätigung.

Zusätzlich ergibt sich aus der Karte eine dreiteilige Gruppierung mit den hygrischen Grundbegriffen „feucht" und „trocken", sowie den Bezeichnungen „kontinental" und „maritim". Eine Kombination dieser Begriffe, nämlich „kontinental-trocken" (K-T), „kontinental-feucht" (K-F) und „maritim-feucht" (M-F) ist als regionales Gliederungs-prinzip leicht zu erkennen: In Küstennähe herrscht der „maritim-feuchte" Charakter vor, d. h. die dort erkennbare hohe Feuchte ist durch die Advektion feuchter Luftmassen vom Meere her bedingt. Westwärts schließt sich der trockene Teil des Tieflands an, dem man den Begriff „kontinental-trocken" zuordnen kann. Die Bereiche der niederen Berge und der Ostabfall des Hochlandes erhalten ihre hohe Feuchtigkeit in erster Linie aus Konvek-tion innerhalb von noch relativ feuchten Luftmassen, die in wenigen hundert Metern Höhe aus östlichen Richtungen herangeführt werden, sich an der Randstufe stauen und diese westwärts teilweise überschreiten.

Eine ungefähre Abgrenzung der „maritim-feuchten" und „kontinental-trockenen" Be-reiche wird in Küstennähe durch die Index-Linie 0,45, die agronomische Trockengrenze, dargestellt; in deren unmittelbaren Bereich kommen örtlich bedingte Überschneidungen von „M-F" und „K-T" vor, eine Variation, die aus der Unbeständigkeit dieser Grenzlinie abzuleiten ist. Dieser variable Grenzbereich findet sich auch am Fuß der Großen Randstufe, wo „kontinental-trocken" und „kontinental-feucht" sich ebenfalls überschneiden.

2.3 Diskussion einiger Beobachtungsstationen

Es war nicht möglich, die an sich wichtige zeitliche Homogenität der meteorologischen Beobachtungen voll zu berücksichtigen. Der Gebrauch einer 30jährigen Standard-Periode für alle Stationen wäre wünschenswert; eine Beschränkung auf die relativ wenigen Stationen mit einer derartigen Periode hätte aber eine weitere Einschränkung des nicht sehr dicht besetzten Stationsnetzes bedeutet.

Der Einfluß der zeitlichen Heterogenität des Beobachtungsmaterials wird u. a. aus folgendem Beispiel deutlich: Die Station Düsseldorp (73) (alle Nummern beziehen sich auf die Stationen in der *Tabelle im Anhang*) hat nur 4 Beobachtungsjahre für Lufttemperaturen und 9 Jahre für den Niederschlag; letztere stammen aus einem — im Vergleich zum langjährigen Mittel — sehr trockenen Zeitabschnitt (1927—1935), was u. a. aus dem Februarwert für Niederschlag mit 78 mm deutlich wird. Nur etwa 35 mm mehr Niederschlag für den Mittelwert des Februar hätten den Indexwert von 0,430 auf 0,452 ansteigen lassen, wodurch auch diese Station in den „semihumiden" Bereich fallen würde. Ein Vergleich mit der Nachbarstation Ofcolaco (71) bestätigt diese Überlegungen: Beide Orte liegen im Bereich der agronomischen Trockengrenze.

Aus diesem Beispiel läßt sich folgern, daß die verwendete Formel nach PAPADAKIS zwar auf geringe Unterschiede des Niederschlags und der Lufttemperatur reagieren kann, es wird aber auch demonstriert, daß eine kritische Betrachtung der Beobachtungsstationen eine unerläßliche Ergänzung für ökologische Einstufungen ist. Eine rein abstrakte Berechnungsweise der Beobachtungszahlen allein trägt das Potential zu Fehleinschätzungen in sich. Es soll daher die Einstufung einiger Stationen in die von uns entwickelte Klassifikation kritisch betrachtet werden.

2.3.1 Inhambane

Die Eingruppierung der Station Inhambane (81) in den perhumiden Typ mit dem Indexwert von 1,70 verdankt diese Station nicht etwa der Jahres-Niederschlagssumme von im Mittel nur 956 mm, sondern dem relativ niedrigen pEt-Wert von nur 562 mm; die monatlichen pEt-Werte schwanken nur zwischen 39 mm (Juli) und 53 mm (Januar-Februar), während die Minimumtemperaturen im Mittel zwischen 16,4° C (Juli) und 23,5° C (Januar-Februar) variieren. Diese geringe Jahresamplitude deutet auf eine besonders hohe Luftfeuchtigkeit und dementsprechend niedrige Verdunstung während des ganzen Jahres hin, eine typisch tropische Erscheinung in der Nähe des Meeres.

Inhambane liegt als einzige unserer Küstenstationen, gewissermaßen inselartig, annähernd „im Bett" des warmen Moçambique-Stromes, über den später noch gesprochen werden wird. Die benachbarten Stationen Morrumbene (88) und Massinga (89) auf dem Festland werden durch den Moçambique-Strom nicht unmittelbar beeinflußt. Das Klima von

Inhambane muß, für unseren Karten-Bereich, annähernd dem Typ einer tropischen Insel zugeordnet werden.

2.3.2   Inhaca

Die einzige wirkliche Inselstation unseres Gebietes ist jedoch Inhaca (23) in der Bucht von Maputo, deren Klima sich stark von dem der „Quasi-Insel" Inhambane unterscheidet. Die mittlere Jahresregensumme von nur 888 mm, um 68 mm geringer als bei Inhambane, ist jedoch auch hier nicht so ausschlaggebend für den weniger als halb so großen Indexwert von 0,80; vielmehr ist es die mit 1115 mm fast doppelt so große Verdunstung: Bei Inhaca sind die Maximum-Lufttemperaturen im Jahresmittel um 3,5° C höher als bei Inhambane, die Minimum-Lufttemperaturen allerdings um 1,4° C niedriger, ein Zeichen für einen stärkeren Kontinentaleinfluß bei Inhaca trotz seiner Insellage. Der Moçambique-Strom erreicht Inhacas Wetterstation, auf der Westseite der Insel gelegen, nicht in der intensiven Form wie bei Inhambane, woraus sich das stärkere Maß an Maritimität bei Inhambane ergeben kann.

2.3.3   Inharrime

Die Beobachtungsstation Inharrime (68) hat eine Meßperiode von 1931—1960. Sie entspricht damit dem wünschenswerten Standard. Dennoch kann man über die Einstufung in die Begriffe „maritim-feucht" oder „kontinental-trocken" argumentieren: Vom Jahreswert des Index 0,567 allein betrachtet, möchte man den Begriff „trocken" wählen; dem widerspricht aber der verhältnismäßig hohe Niederschlag von 847 mm. Außerdem müssen die Meereshöhe von nur 43 m sowie die Lage an der Mündung des Inharrime-Flusses in die Polela-Lagune berücksichtigt werden, wodurch der maritime Einfluß auf die schon etwas binnenländische Lage erweitert wird. Offensichtlich liegt hier die Grenze zwischen „maritim" und „kontinental" in ihrer fluktuierenden Form, wobei die Zahl der 8 „feuchten" Monate, zusammen mit dem relativ hohen Niederschlag das Resultat „maritim" ergeben sollte. Der „kontinentale" Einfluß, offenbar jahreszeitlich begrenzt, kann nicht geleugnet werden, und wird schließlich durch den Begriff „semihumid" ausgewiesen.

2.3.4   Sabie

Auch im Bereich des Hochland-Randes machen sich lokale Einflüsse stark bemerkbar. Hier sind es die in den Tälern gelegenen Stationen, die dem Gesamtbild einen nicht ganz zutreffenden Charakter aufprägen.

Die im Sabie-Flußtal gelegene Ortschaft Sabie (46) zeigt gegen die Umgebung einen Regenschatten-Effekt und mit 1136 mm mittleren Jahres-Niederschlages einen „Mangel" von mindestens 200 mm. Durch die Tallage bedingt, sinken auch die nächtlichen Minimum-Lufttemperaturen auf relativ niedrige Werte ab, die jedoch den Gegebenheiten des Ortes entsprechen und eine scheinbar erhöhte pEt bewirken; jeder kritische Besucher wird aber erkennen, daß die engere Umgebung von Sabie mit den bis an die Straßen reichenden, aufgeforsteten Hängen nicht nur mit dem Begriff „humid" eingestuft werden sollte, eher „perhumid" als „humid". Es sei hinzugefügt, daß die Werte von Sabie durchaus den Werten in anderen Tälern an der Großen Randstufe entsprechen, die oft noch weit größere Gegensätze gegen die Hänge bilden.

2.3.5 Barberton

Die Indexwerte der Station Barberton (29) verdienen eine besondere Betrachtung, da sie für die Umgebung etwas zu hoch erscheinen. Dies geht jedoch aus der Karte S 5 nicht unmittelbar hervor. Aus den Beobachtungswerten einer zeitweilig betriebenen Nachbarstation wurde bekannt, daß unter bestimmten mesoklimatischen Situationen — die Minimum-Lufttemperaturen dieser Nachbarstation sind erheblich niedriger — die Verdunstungswerte höher werden, wodurch der Index kleiner würde und somit makroklimatisch mehr der Wirklichkeit entspräche. Die erwähnte Nachbarstation war dem nächtlichen Kaltluftzufluß vom nahegelegenen Gebirge stärker ausgesetzt, während bei unserer hier verwendeten Station eine bessere Kaltluft-Drainage höhere Minimum-Lufttemperaturen zur Folge hatte, die den Index-Wert von 0,610 bedingen.

3. Diskussion klimatypischer Räume

3.1 West-Ost-Profil (bei ca. 24° s. B.)

Der Entwurf einer Klimakarte im Maßstab 1:1 Mio. unter Verwendung von Isolinien der Jahresmittel und Jahressummen diverser Klimaelemente führt notwendigerweise zu einer starken Generalisierung. Dies wirkt sich um so nachteiliger aus in einem Raum, dessen hygrisches Klima durch krasse Gegensätze der Jahreszeiten gekennzeichnet ist: Bestimmte Zeitabschnitte können sehr feucht bzw. sehr trocken sein.

Mehr und tiefere Einsichten in den Jahresablauf des Klimas lassen sich aus einer Betrachtung einzelner Stationen mit Hilfe von Monatsmitteln gewinnen. Deshalb wurden Maximum- und Minimum-Lufttemperaturen, sowie die Niederschlags- und Verdunstungssummen ausgesuchter Beobachtungsstationen graphisch dargestellt (*Fig. 1 und Tab. 1*). Eine Auswahl von 11 Stationen entlang eines westöstlich verlaufenden Profils vermittelt einen ersten Einblick in den Ablauf dieser Parameter in allen 7 hygrischen Typen. Das Profilband erstreckt sich zwischen 23° 40' und 24° 03' südlicher Breite, ist also ca. 43 km breit. In diesen Streifen wurden, um auch Beispiele des subariden und ariden hygrischen Typs demonstrieren zu können, bei den entsprechenden Längengraden die Diagramme der Stationen Funhaloro (92) und Pafuri (93), außerhalb des Kartenabschnittes gelegen, miteinbezogen.

Die Station Woodbush (83) liegt in den höchsten Teilen des Wolkberg-Komplexes, nach Norden und Osten sehr steil abfallend, nach Westen in die Hochfläche des Pietersburger Plateaus übergehend. Bei vorherrschend um Ost schwankenden Windrichtungen liegen alle Stationen östlich Woodbush (83) in der Luvrichtung, während Weltevreden(78) die Leerichtung repräsentiert.

Tabelle 1   West-Ost-Profil: Klimadaten ausgewählter Stationen (zwischen 23° 40' und 24° s. B.)

Nr.	K	V_J	V_M	N_J	I	T_{mJ}	T_{xJ}-T_{nJ}	H
Weltevreden (78)	KF	1192	99	1125	0,944	16,4	13,5	1250
Woodbush (83)	KF	836	70	1827	2,185	15,0	9,7	1528
New Agatha (75)	KF	918	77	1503	1,637	18,1	8,7	1503
Pusella (84)	KF	1521	127	1033	0,679	19,5	14,6	748
Phalaborwa (77)	KT	1586	132	532	0,335	22,2	13,2	433
Mondswani/Letaba (82)	KT	1942	162	477	0,246	22,3	16,1	215
Pafuri (93)[1]	KT	2144	179	347	0,162	24,6	15,7	215
Funhalouro (92)[1]	KT	2134	178	512	0,240	24,2	15,8	116
Panda (72)	KT	1815	151	723	0,398	23,8	13,5	150
Morrumbene (88)	MF	1444	120	900	0,623	22,5	11,4	20
Inhambane (81)	MF	562	47	956	1,701	22,4	3,4	14

Nr.   = Stationskennziffer in der Klimakarte S 5
K   = Klimatyp: KF = kontinental-feucht; KT = kontinental-trocken; MF = maritim-feucht
V_J = Mittlere Jahressumme der Verdunstung in mm
V_M = Mittlere Monatssumme der Verdunstung in mm
N_J = Mittlere Jahressumme des Niederschlags in mm
I   = Index N_J/V_J
T_{mJ} = Mittlere Jahreslufttemperatur in °C
T_{xJ}-T_{nJ} = Differenz zwischen der Jahresmaximum (T_{xJ}) — und Jahresminimum (T_{nJ}) — Lufttem-
           peratur (in °C)
H   = Meereshöhe über NN in Metern
[1] Stationen außerhalb der Klimakarte S 5
Nach Unterlagen des Weather Bureau in Pretoria und des Serviço Meteorologico de Moçambique

3.1.1 Jahresgang der Temperaturen

Die Jahres-Lufttemperaturen steigen von 15° C in 1528 m Höhe (Woodbush 83) auf über 22° C bei der Station Inhambane (81) an der Küste. Die beiden kontinental-trockenen Stationen Pafuri (93) und Funhaloro (92) erreichen sogar im Jahresmittel mehr als 24° C, ein Wert, der auch bei der Station Panda (72) fast erreicht wird. Auch beim Abstieg nach Westen, auf der Lee-Seite der Großen Randstufe, wird eine Erwärmung bei der Station Weltevreden (78) bereits wahrgenommen.

Die relativ geringen Werte der Jahresamplitude der Lufttemperaturen (T_x — T_n) von nur 8—10° veranschaulichen den Einfluß der hohen Luftfeuchtigkeit auf der Luv-Seite der Gebirgsstationen Woodbush (83) und New Agatha (75), wo häufige und langanhaltende Wolkenbedeckung und wiederholtes Vorkommen von Nebel ein allzu starkes Absinken der nächtlichen Minimum-Temperaturen verhindern. Die noch kontinental-feuchte Station Pusella (84), in knapp 750 m Meereshöhe, wo also Wolkenbedeckung und Nebel-

Figur 1 West-Ost-Profil (11 Diagramme). Entwurf: A. F. Fabricius, Zeichnung: M. Vierschilling. Zu den Daten vgl. Tabelle 1.

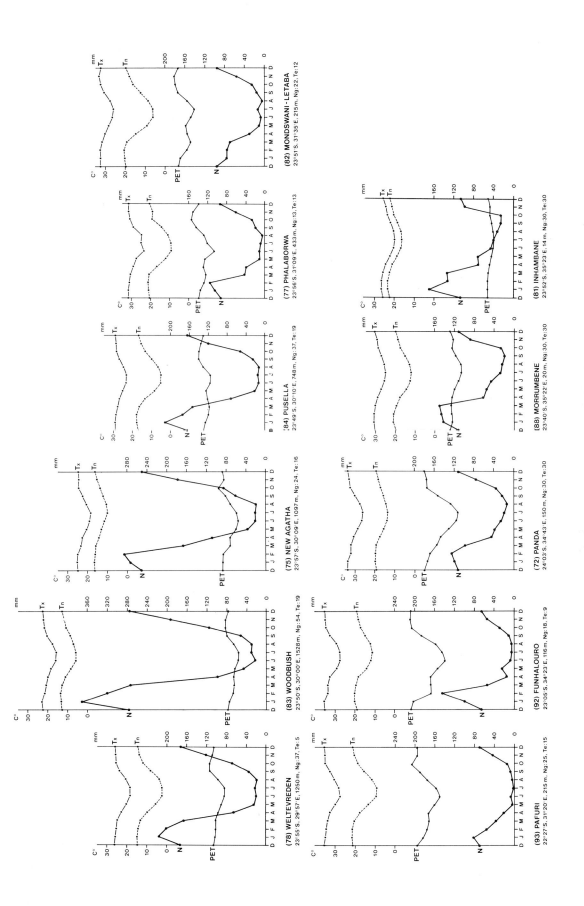

(82) MONDSWANI-LETABA
23°51'S, 31°35'E, 215m, Ng:22, Te:12

(77) PHALABORWA
23°56'S, 31°09'E, 433m, Ng:13, Te:13

(84) PUSELLA
23°49'S, 30°10'E, 748m, Ng:37, Te:19

(75) NEW AGATHA
23°57'S, 30°09'E, 1097m, Ng:24, Te:16

(83) WOODBUSH
23°50'S, 30°00'E, 1528m, Ng:54, Te:19

(78) WELTEVREDEN
23°55'S, 29°57'E, 1250m, Ng:37, Te:5

(81) INHAMBANE
23°52'S, 35°23'E, 14m, Ng:30, Te:30

(88) MORRUMBENE
23°40'S, 35°22'E, 20m, Ng:30, Te:30

(72) PANDA
24°03'S, 34°43'E, 150m, Ng:30, Te:30

(92) FUNHALOURO
23°05'S, 34°23'E, 116m, Ng:18, Te:9

(93) PAFURI
22°27'S, 31°20'E, 215m, Ng:25, Te:15

vorkommen stark reduziert sind, sowie die kontinental-trockenen Stationen haben Amplitudenwerte von 13,5° bis über 16° C; dasselbe gilt für die Lee-Station (78), wo die Tendenz zur Wolkenauflösung trotz einer Meereshöhe von 1250 m schon deutlich wird.

Besonders bemerkenswert ist der geringe Wert der Amplitude von nur 3,4° C bei Station Inhambane (81). Dies ist auf den Einfluß des Moçambique-Stromes zurückzuführen, der eine stark ausgleichende Rolle hinsichtlich der Schwankung der Lufttemperaturen spielt. Die Verschiedenartigkeit der maritimen Feuchte in Meereshöhe im Gegensatz zur kontinentalen Feuchte im Gebirge wird besonders deutlich.

3.1.2 Jahresgang der Niederschläge

Die Jahres-Niederschlags-Summen ergeben Höchstwerte von mehr als 1000 mm bei den Gebirgsstationen Weltevreden (78), Woodbush (83), New Agatha (75) sowie bei der im Bergvorland gelegenen Luv-Station Pusella (84). Diese Stationen repräsentieren den kontinental-feuchten Typ oder, nach Papadakis, die subhumiden, humiden und perhumiden Areale, wo langanhaltende Regenfälle häufig in starke, konvektive Schauer übergehen, die oft von gewittrigen Hagel-Böen begleitet sind. Die um Ost schwankenden Winde sind in diesem Staubereich von Nebel und Nieselregen begleitet.

Die maritim-feuchten Stationen, unmittelbar an der Küste gelegen, weisen Jahres-Summen von 900—1000 mm auf, die großenteils aus kleintropfigen Niesel-Regenfällen herrühren, verursacht durch Stau am z. T. über 100 m hohen dünenreichen Küstensaum. Dies ist eine typische Erscheinung in maritim-tropischen Luftmassen, die vom Meere her durch Advektion herangeführt werden.

Zwischen diesen beiden Feucht-Typen liegt der kontinental-trockene Bereich des Kartenausschnittes, nach Papadakis durch die semiariden, subariden und ariden Typen ausgewiesen, wo Jahressummen des Niederschlags von ca. 350—550 mm vorkommen. Bei den dort vorherrschenden Niederschlags-Arten handelt es sich vorwiegend um schwächere Konvektions-Schauer mit örtlich stark wechselnder Intensität; eine hier häufig vorkommende Wolkenerscheinung sind die Fallstreifen, aus Cirruswolken herabhängende Eiskristalle, die aber am Erdboden nicht als Niederschläge in Erscheinung treten können, da die unteren Luftschichten zu trocken sind und die Wolkenreste („Virga") verdunsten lassen, bevor sie den Erdboden erreichen. Bei der Station Funhalouro (92) ist der relativ hohe Niederschlags-Wert im Monat Februar bemerkenswert, der auf ein häufiges Vorkommen von tropischen Zyklonen zurückzuführen ist. Diese sind auch der Anlaß für die auffälligen Abweichungen in der Niederschlagskurve bei den Stationen Inhambane (81) und Morrumbene (88).

3.1.3 Jahresgang der Verdunstung

Die Jahres-Verdunstungs-Summen nach Papadakis vermitteln recht interessante Einsichten: Die absolut kleinste Jahressumme von nur 562 mm findet sich bei der tropisch warmen, perhumiden Küstenstation Inhambane (81); Einzelheiten darüber wurden erwähnt (vgl. *Kap. 2.3*). Dagegen erscheinen Höchstwerte der Verdunstung von mehr als 2000 mm bei den subariden und ariden Stationen (92) und (93). Ein relatives Minimum der Verdunstung wird bei den beiden höchsten Gebirgsstationen (83 und 75) mit ca. 800—900 mm wahrgenommen; dort schränken relativ niedrige Lufttemperaturen von mehr als 15° C die Verdunstung stark ein.

3.1.4 Monatssummen von Niederschlag und Verdunstung im Jahresgang
(siehe Tabelle und Figuren im Anhang)

Auch die Monatssummen der Verdunstung zeigen die Abhängigkeit von der Lufttemperatur: Im Winter ein deutliches Minimum gegenüber dem Sommer. Besonders auffallend erscheint die Tendenz, daß im maritim-feuchten Raum Inhambane (81), Morrumbene (88), Massinga (89), Inhamússua (80) das jährliche Maximum der Verdunstung in den Spätsommer (Januar-Februar) fällt, während im kontinentalen Raum Panda (72), Pafuri (93), Funhalouro (92), Mondswani-Letaba (82), Phalaborwa (77), Pigeonhole (79), Lemana (90), Woodbush (83) sowohl im feuchten wie im trockenen Areal das Verdunstungs-Maximum bereits unmittelbar vor dem Beginn der Regenzeit im Frühling und Frühsommer (Oktober-Dezember) erscheint.

Die mittleren Monatswerte betragen unmittelbar an der Küste kaum 50 mm, sie sind jedoch im extrem trockenen Raum mehr als dreimal so groß; im kontinental-feuchten, subtropisch kühlen Gebirge sind sie dagegen nur um rund 30 mm größer als im tropisch-warmen, maritimen Bereich.

Auch in den Verdunstungswerten der mit 1250 m Meereshöhe noch relativ hoch gelegene Station Weltevreden (78) ist der Übergang zum kontinental-trockenen Raum des Hochlandes von Pietersburg erkennbar. Ein Reisender in dieser Breite auf dem Wege von Pietersburg nach Osten erkennt am jähen Ende der Aufforstung des Berglandes den schnellen Wandel des hygrischen Klimas: Die 0,80-Isolinie des Papadakis-Indexes wird hier an den westlichen Abhängen des Wolksberg-Komplexes deutlich ins Bild gebracht, verursacht durch abnehmenden Niederschlag, steigende Lufttemperaturen und zunehmende Verdunstung.

Aus den Kurven unserer Hauptparameter Niederschlag und Verdunstung wird der Gegensatz zwischen trocken und feucht als **das** kennzeichnende Kriterium des subtropischen Klimas dadurch deutlich gemacht, daß die sommerlichen Niederschläge bei den kontinental-feuchten Stationen Weltevreden (78), Woodbush (83), New Agatha (75) und Pusella (84) so hoch sind, daß die Niederschlagskurve für den größten Teil des Jahres erheblich oberhalb der Verdunstungskurve liegt, und zwar bei Woodbush (83) und New Agatha (75) für 7—8 Monate. Dieser Zeitabschnitt des Niederschlags-Überschusses vergrößert sich im maritim-feuchten Bereich auf ca. 9 Monate und mehr. Im kontinental-trockenen Raum erreicht jedoch die Niederschlagskurve niemals die der Verdunstung, wie bei Phalaborwa (77), Mondswani-Letaba (82), Pafuri (93), Funhalouro (92) und Panda (72) zu erkennen ist. Auffällig ist der Unterschied zwischen den Stationen Morrumbene (88), wo erst im Laufe des Januar der Niederschlag die Verdunstungswerte überschreitet, und Inhambane (81), wo dieser Fall bereits im November eintritt.

3.2 Die Naturräume und ihre klimatische Kennzeichnung

3.2.1 Die Küstenzone

Es wurde schon erwähnt (*Kap. 2.3.1* und *2.3.2*), daß das Klima des Küstenstreifens unseres Kartenabschnitts keineswegs einheitlich ist. Das hygrische Klima von Inhambane (81) unterscheidet sich deutlich von dem des übrigen Küstenraumes: Neben der relativ niedrigen Verdunstung von nur 47 mm im Monatsdurchschnitt mit nur geringen Abweichungen während des Jahresablaufes, ist das Vorkommen von Niederschlägen von mehr als 25 mm pro Monat während der sogenannten winterlichen Trockenmonate August bis Oktober ebenso bemerkenswert; nur während dieser kurzen Periode sinkt der Papadakis-Index auf 0,5—0,7 ab. Alle diese Klimaeigenarten sind auf den Raum von Inhambane (81) beschränkt. Thermisch gehören alle Küstenstationen zum tropisch warmen (Inhambane, 81; Chongoene, 54; Inhaca, 23), oder zum tropisch heißen Typ (S. Martinho, 44).

Es muß bedacht werden, daß offensichtlich die Topographie der unmittelbaren Nachbarschaft der betreffenden Stationen eine entscheidende Rolle im Mesoklima spielt. Die zahlreichen Dünen, oft zwischen 100 m und 200 m hoch, lassen nur in einigen Stellen einen unmittelbaren Zugang zur Küste zu; keine Station ist dort gelegen, nur Inhambane (81) und Inhaca (23) liegen in unmittelbarer Meeresnähe. Auch San Martinho (44) liegt nicht am Meer, sondern am Ufer einer von hohen Dünen gegen das Meer abgegrenzten Lagune. So ist es zu verstehen, daß nur die 3 genannten Stationen Inhambane (81), San Martinho (44) und Inhaca (23) in den perhumiden und humiden Bereich fallen. Die ca. 12 km von der Küstenlinie entfernt liegende Station Chongoene (54) verdankt ihre hohe Humidität neben dem (begrenzten) Meereseinfluß hauptsächlich dem unmittelbar westlich gelegenen Höhenzug, der eine starke Stauwirkung ausübt und erhöhte Niederschläge auch noch während der Trockenzeit zur Folge hat.

Alle übrigen Stationen, wie Massinga (89), Morrumbene (88), Inhamússua (80), Nacoongo (70), Inharrime (68), Mocumbi (67), Quissico (63), Chongoene (54), João Belo (52) liegen in einem Streifen im Abstand bis zu 12 km Breite von der Küste und einer Meereshöhe von mindestens 25 m, mit Ausnahme von João Belo (52) unmittelbar im Limpopo-Tal in nur 4 m Meereshöhe. So fallen alle diese Stationen in den subhumiden Bereich. An diesen schließt sich im Abstand von 40 bis 60 km vom Küstensaum nach Überschreiten des semihumiden Gebietes mit der Erreichung der Indexlinie 0,45 (agronomische Trockengrenze) der semiaride Bereich an. Der maritim-feuchte Raum erstreckt sich also nur über einen recht engen Gebietsstreifen. Auch ist der maritime Einfluß zeitlich, d. h. im Ablauf des Jahres, weitgehend auf die „Regenzeit" beschränkt, wie die ausgewählten Skizzen der Stationen Inharrime (68), Chongoene (54), Inhaca (23) erkennen lassen. Die starken Spitzen der Niederschlagskurve im Februar und bei Maputo (26) im Januar und März deuten auf das Vorkommen außergewöhnlicher Regenfälle als Folge des Durchzugs von tropischen Wirbelstürmen hin (vgl. *Kap. 4.3.6*). Im allgemeinen liegt auch schon in diesem sub- und semihumiden Bereich die Niederschlagskurve fast während des ganzen Jahres unterhalb der Verdunstungskurve, die mittlere Monatswerte von etwa 100—140 mm aufweist, ganz im Gegensatz zu den 47 mm bei Inhambane (81).

3.2.2   Die Lebomboberge und ihr Vorland

Die Lembokketten erstrecken sich über ca. 130 km in nordsüdlicher Richtung wie eine Mauer gegen die vorwiegend um Ost schwankenden Windrichtungen, stellen sich dem damit verbundenen Feuchtestrom entgegen und geben bis zu einer Höhe von 300 bis fast 800 m Anlaß zu starker Kondensation, woraus Niederschläge bis zu 1000 mm resultieren; bei Temperaturen um 21° C erscheint dieses Gebiet als sub- und semihumid. Das Diagramm von Namaacha (24) repräsentiert diesen Raum.

3.2.3   Das Lowveld

Nach Westen fallen die Lebombos auf Meereshöhen um 200 m in das Lowveld ab, das weiter nach Westen in das Vorland zu den Drakensbergen ansteigt. Unmittelbar westlich der Lebombos — also auf der Leeseite — findet sich wieder die agronomische Trockengrenze, und damit beginnt wiederum der semiaride Bereich, wie aus den Jahres-Indexwerten I = 0,361 für die Station Figtree (28) hervorgeht. Weite Teile des Krüger National Parks fallen in diesen Bereich, wofür auch Skukuza (55) mit I = 0,312 repräsentative Werte zeigt.

3.2.4   Das Middleveld

In dem sich nach Westen anschließenden Middleveld, das auf 800   900 m ansteigt, überschreiten wir abermals die agronomische Trockengrenze, die hier in ungefähr nord-südlicher Richtung am Fuß der Drakensberge den kontinental-trockenen und wärmeren Raum unseres Kartenabschnittes vom kontinental-feuchten und kühleren Raum trennt. die 21° C-Jahresisotherme verläuft annähernd parallel zu dieser Abgrenzung. Zunächst finden wir einen semihumiden Streifen von wechselnder Breite (20—70 km): Sipofaneni (4), Nelspruit (37) und Ofcolaco (71) sind typische Stationen. Nach Westen schließt sich der subhumide Typ mit Stationen wie Manzini (9), Barberton (29), White River (42) und den nördlichen Stationen Lemana (90) und Elim (91) an.

Weiter nach Westen folgt ein etwa 10 km breiter Streifen zunehmender Meereshöhe mit stark ansteigenden Niederschlägen (Stationen Belvedere [87], Witklip [45], Sabie [46], Berlin [35], Piggs Peak [25], Mushroom [10]). Es ist ein nach Papadakis subhumides Gebiet, das dann schnell in den vollhumiden und teilweise sogar perhumiden Typ, die Randstufen-Zone, übergeht.

3.2.5   Die Randstufenzone

An ihren steilen Ostflanken staut sich die im allgemeinen mit um Ost schwankenden Windrichtungen herangeführte feuchte Meeresluft; nach häufigem Nebel mit Sprühregen fallen oft besonders starke Niederschläge (vgl. die perhumiden Stationen Woodbush [83] und New Agatha [75] im Norden, im Mittelteil Graskop [56]). Es ist zu erwähnen, daß im nördlichen Teil unseres Kartenbereichs die Steilabhänge annähernd Nord-Süd verlaufen, während weiter im Süden die Streichrichtung der höchsten Randstufenteile mehr zu ostwestlicher Richtung neigt. Die Randstufe selbst ist im Westen von Swaziland weniger steil als im Norden. Diese Änderung in der Topographie wird durch die veränderten Formen unserer perhumiden Gebiete im Bereich der Randstufen-Zone dokumentiert. Die Niederschläge überschreiten oft die 1000 mm Werte und können in Einzelfällen die Summe von fast 2000 mm pro Jahr erreichen.

Auf der nach Westen in Stufen abfallenden Seite der Randstufe finden wir typische Lee-Erscheinungen: Verminderung der Niederschläge und Erhöhung der Verdunstung und daraus resultierend kleinere Indexwerte der subhumiden Typen, wie durch die Stationen Pilgrims Rest (57), Waterval Bowen (32), Belfast (31), Carolina (20), Ermelo (7), Amsterdam (6), Sheepmoor (3) bestätigt wird.

3.2.6 Das Highveld

Es ist dies das Gebiet des Highveldes von Südost-Transvaal. Wegen seiner relativ großen Meereshöhe von ca. 1700 m und teilweise bis zu 2000 m finden sich hier häufig Nebelvorkommen, die aber auf den Hochflächen weniger persistent sind als an der steilen Randstufe um Graskop, Mariepskop und am Wolkberg-Komplex. Die Niederschlagssummen betragen auf dem Randschwellen-Hochland von Osttransvaal 700—900 mm, örtlich können sie bis zu 1000 mm im Jahresdurchschnitt erreichen.

Die Randstufe verläuft etwa entlang der Landesgrenze von Swaziland; eine besonders typische Leestation unmittelbar westlich der Grenze ist Steynsdorp (19) im tiefen Tal des Steynsdorprivier. Die Verdunstungssummen dieser Station sind mit 126 mm im Monatsdurchschnitt verhältnismäßig hoch und überschreiten die Niederschlagszahlen allmonatlich so sehr, daß der Jahreswert des Papadakis-Index, relativ zur weiteren Umgebung, den nur sehr geringen Wert von I = 0,455 erreicht.

Auch thermisch unterscheidet sich das Highveld von Südost-Transvaal und Swaziland von dem Pietersburger Plateau im Nordwesten des Kartenausschnittes. Dort wird nur in einem eng begrenzten Gebiet um Woodbush (83) die 15° C-Isotherme erkennbar, während im südwestlichen Abschnitt um Ermelo und Belfast die 15° C-Isotherme ein weites Areal umschließt. In diesem Gebiet ist das Vorkommen von nächtlichem Bodenfrost eine häufige Erscheinung.

3.2.7 Das Bankenveld

Das nördlich vom südosttransvaalischen Highveld gelegene Bankenveld, in etwa 1400—1700 m Meereshöhe, wird durch die Stationen Lydenburg (47) und Sekhukhuniland (59) ausgewiesen. Es handelt sich hierbei um den semihumiden Klimatyp (nach Papadakis), der weiter westwärts in den semiariden Typ übergeht.

4. Klimagenese in Südostafrika

4.1 Klimagenese und Klimatypen

Die auf der Karte S 5 erkennbaren starken klimatischen Unterschiede, die an Hand der Einzelstationen erläutert wurden, sind in erster Linie aus den topographischen Strukturen abzuleiten: Ein über 1500 m hohes Plateau mit Erhebungen von mehr als 2000 m, mit einer mittleren Jahrestemperatur von knapp 15° C relativ kühl, grenzt, auf einem horizontalen Abstand von wenig mehr als 100 km, über eine steil abfallende Randstufe hinweg an ein ausgedehntes Tiefland von weniger als 200 m Meereshöhe, das mit einer mittleren Jahrestemperatur von mindestens 23° C als „tropisch heiß" zu bezeichnen ist.

An der südlichen mathematischen Grenze der Tropen sind natürliche Einflüsse tropischer Art zu erwarten. In diesen Breiten hat die besonders lang anhaltende Sonneneinstrahlung ein Höchstmaß von Erwärmung zur Folge. Dieser thermische Gegensatz zwischen dem subtropisch kühlen Hochland und dem tropisch heißen Tiefland soll hier aber nicht besonders betont werden. Entscheidender ist das hygrische Charakteristikum der Randtropen, das sich auch noch im Gebiet der Subtropen des Kartenausschnittes auswirkt: Der krasse jahreszeitliche Wechsel zwischen „feucht" und „trocken", zwischen sommerlicher Regenzeit und winterlicher Trockenzeit, oder, im Sinne unserer Definition (nach Papadakis), zwischen „perhumid" und „arid"; dieser Unterschied wird durch die Farbgegensätze der Karte S 5 ausgedrückt.

Den Hintergrund für diese Erscheinungen müssen wir in der allgemeinen Zirkulation der Atmosphäre suchen. Darin spielt der Gürtel hohen Luftdrucks, die süd-hemisphärischen Antizyklone zwischen 22° und 35° Süd, die Hauptrolle. Diese wird oft auf Jahreskarten des Luftdrucks als ein die Erde umspannender Gürtel dargestellt; in Wirklichkeit aber ist über dem südlichen Subkontinent Afrikas, besonders während des südhemisphärischen Sommers, das südatlantische Hochdruckgebiet von dem des Indischen Ozeans durch einen sich etwa nordsüdlich erstreckenden Trog deutlich tieferen Luftdrucks getrennt (*Fig. 2*). Dieser Trog über dem Subkontinent hat eine wichtige Funktion im Klima des Gesamtbereichs, worüber noch berichtet wird. Die Antizyklone über dem Indischen Ozean jedoch verdient das Hauptinteresse bei der Zuführung feuchter Luftmassen an der Ostflanke des Trogs, die dem südlichen Afrika die entscheidenden Sommer-Niederschläge bringen. Die Antizyklone über dem südlichen Atlantik hingegen bringt der Westflanke des Trogs vorwiegend Trockenheit, während sie sich über dem Festland in Form eines Keiles ausdehnt.

Die im allgemeinen jahreszeitlich bedingte Verschiebung des Hochdruckgürtels um etwa 3—4 Breitengrade nach Norden während des südhemisphärischen Winters und nach Süden während des südhemisphärischen Sommers liefert **eine** wesentliche Ursache für die Klimaformung in unserem Kartenabschnitt. Während des südhemisphärischen Winters liegt unser Gebiet häufig nahe dem Festland-Kerngebiet der Antizyklone des Indischen Ozeans. Diese Situation bringt geringe Bewölkung und starke Sonneneinstrahlung, das für Wochen und Monate bekannte „Sunny South Africa".

Während des Winters drehen, aus der Westwinddrift herrührend, südlich des Kontinentes Kaltfronten entlang der Süd- und Südost-Küste nach Norden ein und erreichen teilweise den Süd-Teil des Moçambique-Kanals, von wo sie mit südöstlichen Winden auch in unseren Küstenbereich kommen (*Fig. 2*). Dort kommt es dann zu geringen Niederschlägen. An den Osthängen der Lebombo-Ketten und an den Steilhängen der Großen Randstufe verursachen diese feuchten Luftströmungen lang anhaltende Nebel und Nieselregen. Diese feuchten Luftmassen, ursprünglich aus südlichen, subpolaren Räumen stammend, erfahren auf dem Wege nach Norden eine starke Modifikation, da sie über den aus äquatorialen Räumen kommenden, warmen Moçambique-Strom fließen, der — eng an die Ost- und Südost-Küste angelehnt — südwärts strömt. Die Kaltfronten erscheinen deshalb in unserem Raum in einer abgeschwächten Form, so daß die Niederschläge während des Winters nur gering sind; bei den Kaltfronten handelt es sich im wesentlichen um Okklusionen mit Kaltfrontcharakter.

Der Moçambique-Strom wird als eine der mächtigsten Meeresströmungen der Erde angesehen, da er durch eine kaum übertroffene Beständigkeit der Richtung (87 % des Jahres) gekennzeichnet ist; zusätzlich strömt er mit einer sich jahreszeitlich nur wenig ändernden Geschwindigkeit von mindestens 40 nautischen Meilen pro Etmal, d. h. 40 Knoten pro 24 Stunden, dahin, die nur im Falle starker Gegenwinde zeitweise reduziert wird. Die Wassertemperaturen an der Oberfläche während des winterlichen Monats Juli unterscheiden sich mit 21—22° C nur relativ wenig von denen des sommerlichen Monats Januar mit 25—26° C. Dieser mit so anhaltend gleichmäßiger Wärme erfüllte Seestrom wirkt gewissermaßen als permanente „Warmwasserheizung", deren Wärmeabgabe durch die vorwiegend landeinwärts gerichteten Winde weit über das Tiefland von Moçambique und das Lowveld von Swaziland und Osttransvaal hinweg bis zur Randstufe und teilweise darüber hinaus nach Westen verfrachtet wird.

Wie schon bei der Besprechung der Einzelstationen erwähnt, findet sich im Westteil unseres Kartenblattes eine markante hygrische Grenze mit dem Index-Wert I = 0,45, die agronomische Trockengrenze; sie fällt am Fuß des Hochlandrandes praktisch mit der thermischen Stufe von 21° C zusammen. Im östlichen Teil finden wir in der Nähe der Küste die zweite hygrische Grenze dort, wo der feuchte Küstensaum von 30 bis wenig mehr als 60 km Breite in das Trockengebiet des Binnenlandes übergeht. In diesem maritim-feuchten Küstengürtel müssen wir den Beweis für den starken Einfluß des warmen Moçambique-Stromes auf die Klimaforschung des größten Teiles unseres Abschnittes sehen.

G. T. Trewartha (1966) weist darauf hin, daß die in Äquatornähe noch zonal, d. h. west-östlich verlaufenden Isohyeten, bei ungefähr 20° s. B. eine rechtwinklige Drehung machen und über dem südlichen Afrika ungefähr parallel der Küsten nord-südlich verlaufen. Unsere Karte (S 5) und die Nebenkarte (S 5 a) bestätigen nicht nur Trewartha's Feststellung, sondern zeigen auch ähnliche Erscheinungen für die Isothermen. In unserem Abschnitt verlaufen die Isothermen im Ostteil parallel zur Küste (23° C). Im Westteil ist ihr Verlauf am Fuß des Hochlandrandes etwa nord-südlich gerichtet, parallel zur Streichrichtung der Großen Randstufe (19° und 21° C). Die quasi-meridionale Ausrichtung der Isohyeten und der Isothermen ist eine bezeichnende Eigenart für Afrika südlich des Wendekreises des Steinbocks. Diese großräumige Besonderheit — sie tritt nicht nur in unserem Kartenabschnitt in Erscheinung — ist zurückzuführen auf die Meeresströmungen, die den Küstenverlauf des afrikanischen Subkontinents begleiten: An der Westküste der nach Norden gerichtete Benguela-Strom, etwa anhaltend 5° C kühler als der warme, südwärts

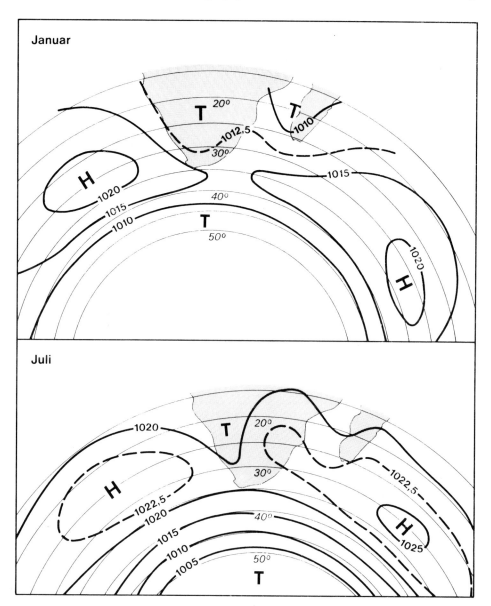

Figur 2 Die Verteilung von Hoch- und Tiefdruckgebieten über dem südlichen Afrika. Entwurf: A. F. FABRICIUS nach B. R. SCHULZE, Climate of South Africa, Part 8, General Survey, W. B. 28, p. 5. Pretoria 1965.

verlaufende Moçambique-Strom, der an der Südküste des Kontinentes den Namen Agulhas-Strom trägt.

In den vorliegenden Karten wird die Erwartung bestätigt, daß neben den Isohyeten und Isothermen auch die Isohygromenen sowie die Index-Grenzlinien gleicher hygrischer Klimatypen ähnlich ausgerichtet verlaufen: In einem deutlich durch die Isohygromene „6 humide Monate" begrenzten Streifen entlang der Küste finden wir die „maritim-feuchten" Typen. Erst weiter im Binnenland, am Fuß der Drakensberge, und nach Südwesten anschließend auf dem Hochveld von Osttransvaal, treten wiederum feuchte Typen auf, aber in modifizierter Form als „kontinental-feucht", was besagt, daß die Niederschläge vorwiegend aus Instabilitätsschauern von feuchten Luftmassen stammen, die gelegentlich vom Ozean her advektiv in dieses Gebiet transportiert werden. An der Küste findet man, durch die bis mehr als 100 m hohen Dünen verstärkt, eher Nieselregen und leichte Schauer, am Hochlandrand jedoch gewittrige starke Schauer, die oft mit Hagel verbunden sind. Zwischen diesen beiden unterschiedlichen Feuchtgebieten erstreckt sich über Hunderte von Kilometern das „kontinental-trockene" Gebiet mit deutlich sub- und semiaridem Charakter, in dem nur gelegentlich Schauer-Niederschläge fallen. Trotzdem ist diese Landschaft des Tieflandes von Süd-Moçambique mit einem hohen Klimapotential für landwirtschaftliche Nutzung versehen. Wo immer die Bodenverhältnisse es erlauben, ermöglicht das frostfreie und tropisch heiße Gebiet bei hinreichender Bodenfeuchte 2—3 gute Ernten auf dem gleichen Areal während eines Produktionsjahres. Bekanntlich wird dieses Potential mindestens regional, z. B. in den Limpopo-Siedlungen, voll ausgenutzt.

Hier muß noch einmal auf G. T. Trewartha (1966) verwiesen werden, der die allgemein im südlichen Afrika bekannte Auffassung ausspricht, daß gerade das Klima der ausgedehnten Niederungen des südlichen Moçambique das vorherrschende Klima mit semi- und subaridem Charakter im gesamten südlichen Afrika sein würde, wenn nicht die Randstufe und das westlich anschließende Highveld-Plateau den östlichen, feuchten Luftstrom aufstauen und damit Anlaß zu orographischen Niederschlägen (Steigungsregen) geben würde. Durch die größere Meereshöhe von mehr als 1500 m wird auf dem Highveld eine Erniedrigung der Lufttemperatur bewirkt, die ungefähr 1 Grad pro hundert Meter Höhenunterschied beträgt. Somit finden wir in diesem Bereich nicht nur starke Niederschläge, sondern dadurch bedingt auch ein hydrologisch sehr effektives, wasserspendendes Gebiet: Das Quellgebiet des wasserwirtschaftlich für Süd-Afrika so wichtigen Vaal-Flusses, der nach Westen und Nordwesten entwässert, befindet sich im Raum zwischen Ermelo und Carolina. Der übrige Teil des südlichen Highveldes entwässert nach Osten.

Ein markantes Beispiel für die gleiche Art der Klimaformung finden wir im Bereich der südlichen Lebomboketten, die sich aus den semiariden Niederungen des küstennahen Vorlandes wie eine erste Barriere gegen den östlichen feuchten Luftstrom herausheben. Hier werden Stauerscheinungen bewirkt, die Anlaß zur Formung eines semi- und subhumiden Klimas geben.

Neben diesen deutlich fremdbürtigen Einflüssen auf das Klima unseres Gebietes stellt sich in allen Jahreszeiten wenigstens für einige Tage, im Winter jedoch oft über Wochen und Monate anhaltend, ein eigenbürtiges Klima ein, das durch die Ausdehnung der Antizyklone über dem Indischen Ozean nach Westen zustande kommt. In dieser Zeit der geringen Luftbewegung und der durch Absinkvorgänge in der Atmosphäre verursachten

Tabelle 2   Grasminimum-Temperaturen

Piet Retief: 27° 00′ s. B., 30° 48′ ö. L., H = 1245 m

	I	II	III	IV	V	VI	VII	VIII	IX	X	XI	XII	Jahr
T_m	14,0	13,5	11,8	8,0	2,5	−0,4	−1,1	1,4	5,0	9,0	12,1	12,7	7,4
T_{xx}	18,7	18,9	17,0	15,6	10,7	9,0	6,6	11,5	14,0	15,1	17,0	17,4	18,9
T_{nn}	3,5	7,0	5,0	−1,5	−4,0	−10,1	−7,1	−7,4	−5,0	−2,4	3,6	4,6	−10,1

Fleur de Lys: 24° 32′ s. B., 31° 02′ ö. L., H = 622 m

	I	II	III	IV	V	VI	VII	VIII	IX	X	XI	XII	Jahr
T_m	18,1	18,0	16,7	14,7	8,1	5,9	6,2	7,8	11,9	15,1	16,7	17,6	13,1
T_{xx}	22,0	21,6	21,0	20,6	16,4	13,9	14,6	15,6	18,1	19,9	20,7	23,0	23,0
T_{nn}	11,8	6,7	11,4	7,8	2,0	−2,1	−1,7	2,4	1,7	6,2	9,1	11,7	−2,1

T_m = Monatsmittel
T_{xx} = absolutes Maximum
T_{nn} = absolutes Minimum
Nach Schulze, B. R. (1965), p. 139

Auflösung der Wolken- und Nebeldecke der frühen Morgenstunden kommt es zu hohen Einstrahlungswerten, die im Mittel etwa von 340 bis 610 cal/cm²/24 Stunden schwanken (Drummond & Vowinkel, 1957). Es ist dies die Zeit der normalen winterlichen Trockenheit mit autochthonem Charakter; zeitweise jedoch kann sich allochthones Klima kurzfristig wieder durchsetzen. Darüber wird noch bei der Behandlung der Wetterlagen zu sprechen sein.

Die hier genannte besonders starke Einstrahlung während des Tages hat natürlich eine ähnlich starke nächtliche Ausstrahlung zur Folge, die, wenn nicht eine schützende Wolken- oder Nebeldecke im Zusammenhang mit einer Temperatur-Inversion sich über die Landschaft legt, zu örtlich starken Nachtfrösten auf dem Highveld und im Bereich der Randstufe führen kann.

Es wird auf die besondere Spalte „Winter" in der Legende zur Karte S 5 verwiesen. Die dort erwähnten Minimum-Temperaturen, gemessen in 1,2 m Höhe über Grund in der Wetterhütte, von etwa +3° C bis +4° C deuten hier auf die Möglichkeit von Bodenfrösten bis weit in den Oktober hinein.

Die *Tabelle 2* vermittelt Mittelwerte von ungeschützten Gras-Minimum Thermometern, wie sie von B. R. Schulze (1965) veröffentlicht wurden. Es handelt sich bei Piet Retief um eine für das südöstliche Highveld repräsentative Station, in unserem Falle gerade etwas außerhalb des Kartenausschnittes, und bei Fleur de Lys um eine zeitweise betriebene Station im Lowveld in der Nähe unserer Station Maboki (61).

Von August bis Oktober-November können sich nächtliche Bodenfröste in ausgesprochene Schadfröste verwandeln, die besonders Obstbäumen an Blüte und Frucht, wie auch

anderen frostempfindlichen Gewächsen, erheblichen Schaden zufügen. Auch der Weizen-
anbau kann durch diese Nachtfröste stark behindert werden.

Es handelt sich im besiedelten Raum des südlichen Afrika, in dem auch die meteorologischen Beobachtungsstationen liegen, immer nur um strahlungsbedingte Bodenfröste, die
eine Kaltluft-Mächtigkeit von 3—6 m über dem Erdboden erreichen und häufig auf
−6° C, in Einzelfällen selbst auf −10—15° C absinken können. Frostadvektion kommt
nur im unbesiedelten Gebirge über 2000 m über NN vor. Eistage (Maximum-Temperatur
unter 0° C) sind im südlichen Afrika unbekannt. Gelegentlich kann es auf dem Highveld
von Südost-Transvaal und West-Swaziland zu Schneefällen kommen, die jedoch in kürze-
ster Frist wieder wegschmelzen.

Die Frostgrenze kann generell in der Jahresisotherme von etwa 21° C gesehen werden.
Diese verläuft annähernd parallel zur 0,45-Papadakis-Isolinie, der agronomischen Trok-
kengrenze, am Fuß der Randstufe in etwa nord-südlicher Richtung. Westlich dieses Strei-
fens muß mit Nachtfrösten gerechnet werden (siehe Legende der Karte S 5), östlich davon
dehnt sich der weite Raum des Lowveldes von Osttransvaal, Ost-Swaziland und des südlichen Moçambique bis zur Küste aus, der als frostfrei erscheint.

4.2 Die Klimagenese: 7 Wettertypen

Ein mögliches Schema der wechselreichen Wetterabläufe über dem Moçambique-Kanal
und dem angrenzenden Binnenland wurde in mehreren Untersuchungen entwickelt. E.
VOWINCKEL (1955, 1956) hat zwei Arbeiten vorgelegt, in denen u. a. Häufigkeitszahlen einer Anzahl mittlerer Wettertypen aus einem 6jährigen Zeitraum (1949—1954) angegeben
werden. Es ist nur natürlich, daß an diesen Arbeiten Kritik geübt wurde: Es wurden keine
Höhenwetterkarten berücksichtigt. Dies ist darin begründet, daß zu jener Zeit Höhenwet-
terbeobachtungen erst in begrenztem Umfang vorlagen und erst später an Quantität und
Qualität zunahmen. Als weiteres Argument der Kritik muß die Methode der Mittelung
von meteorologischen Einzelparametern und Wetterlagen über mehrere Jahre hin dienen,
wodurch markante Erscheinungen wie das Auftreten ungewöhnlich langer Trockenzeiten
während der normalen Regenzeit nicht zum Ausdruck kommen können. Allerdings waren
in dem benutzten Zeitraum 1949—1954 solche Erscheinungen zufällig nicht besonders
häufig und ausgeprägt.

Figur 3   Wettertypen
1 Schönwettertyp; 2 Kaltwettertyp; 3 Monsunaler Typ; 4 Äquatorialer Typ; 5 Schlechtwettertyp.
Nach VOWINCKEL 1955.

zur Erläuterung der Symbole:
1 Isobaren, schematisiert; 2 Hochdruckgebiet; 3 Tiefdruckgebiet; 4 dominante Windrichtung; 5 Kaltfront; 6 feuchter Dunst, flacher Bodennebel; 7 Nieselregen; 8 Regen; 9 Schauerniederschlag; 10
Donner hörbar; 11 Cumulus humilis (niedriger Schönwettercumulus); 12 Cumulus congestus (mäch-
tig entwickelter Cumulus); 13 Stratocumulus; 14 Altostratus opacus oder Nimbostratus (dichte
Schichtwolkendecke); 15 Schlechtwetter-Stratus; 16 Altocumulus cumulogenitus (aus Cumuli durch
Ausbreitung entstanden). Nach der Symboltafel des Internationalen Wetterschlüssels.

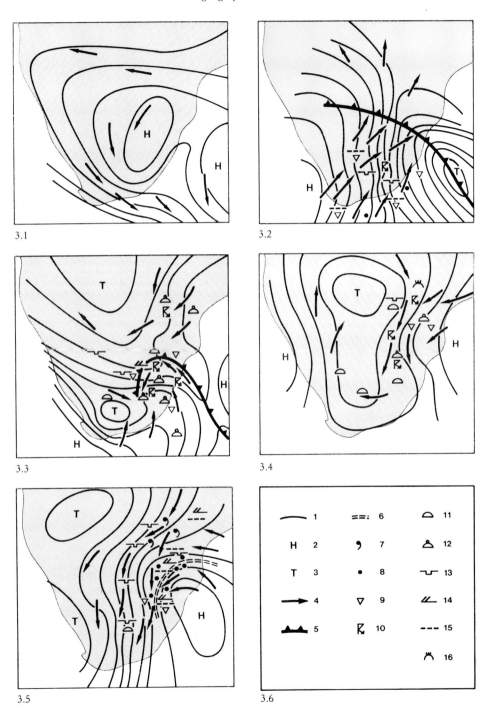

3.1

3.2

3.3

3.4

3.5

3.6

Trotz dieser Einwände erscheinen die beiden Arbeiten von Vowinckel als ein erstes, brauchbares Hilfsmittel, um eine gewisse Systematik der Wetterentwicklung über dem südlichen Afrika und somit auch für unseren Raum herauszuarbeiten. Deshalb wird sie in gekürzter Form hier benutzt. Auch TREWARTHA (1966) hat sich mit den Arbeiten Vowinckels eingehend befaßt; sie wurden ebenfalls von japanischer Seite ausführlich behandelt.

Vowinckel hat Pretoria als charakteristischen Ort für das Mittelveld (die Umgebung Pretorias) und das Highveld ausgewählt, und gebraucht die Werte von Lourenço Marques (Maputo) für den Raum des südlichen Moçambique-Kanals. Er unterscheidet 7 **Hauptwettertypen**, von denen die 5 wichtigsten in *Figur 3* wiedergegeben werden:

Typ 1: **Schönwettertyp** (*Fig. 3.1*): Ein Teilkern des Hochdruckgebietes liegt über dem östlichen Teil des südlichen Afrika; absinkende Luft und damit Wolkenauflösung bringen schönes Strahlungswetter und geringe Luftfeuchtigkeit. Es ist tagsüber warm und zur Nachtzeit kühl oder sogar kalt: Ein vorwiegend winterlicher Typ.

Typ 2: **Warmwettertyp:** Dieser Typ ähnelt in der Isobaren-Führung dem ersten Typ, zeigt aber höheren Luftdruck im Hochdruck-Kern; daher kommt es über unserem Raum und südwärts davon zu starken Bergwinden aus NW bzw. W, wenn der Kern etwas nach Norden verschoben ist. Über den Gebirgen kann es trotzdem noch zu starken lokalen Schauern kommen. Dieser Typ ist häufig in den Frühjahrs-Monaten von August bis Oktober zu beobachten.

Typ 3: **Kaltwettertyp** (*Fig. 3.2*): Kalte, subpolare Luftmassen überqueren aus Südwest das südliche Afrika. Auf den südlichen und östlichen Gebirgteilen stellen sich Schneefälle ein; Gewitter- und Hagelschauer können die Kaltfront begleiten. Dieser Typ kommt hauptsächlich im Winter und Frühjahr vor und geht dann gewöhnlich in den Schönwettertyp über.

Typ 4: **Monsunaler Typ** (*Fig. 3.3*): Wenn die Kaltfronten nicht von Süd-Südwesten her über das südliche Afrika hinwegziehen, wie im vorigen Typ, sondern mehr aus südlichen Richtungen den südöstlichen Teil des Subkontinents überqueren, sind diese Fronten zeitweise weniger aktiv und werden über dem Binnenland dann fast stationär (sog. Schleifzone). Der vorher erwähnte Trog tieferen Luftdrucks über dem Namibia-Botswana-Raum ist dann besonders ausgeprägt; dieser Trog wird häufig während des Sommers sogar als ein direkter Ausläufer der innertropischen Konvergenz-Zone angesehen. Dann kann auf der Ostflanke des Troges ein monsunaler Luftstrom vom nördlichen Indischen Ozean mit nordöstlichen Winden über den Moçambique-Kanal unseren Raum erreichen, wobei es zu starken und ergiebigen Schauerniederschlägen kommt, die besonders an der Großen Randstufe und über dem Highveld mit Gewittern verbunden sind.

Es ist dies der Typ, der gegen Ende Oktober oder Anfang November die Regenzeit auf dem Hochland beginnen läßt und mehrere Tage andauert. Bewußt wird nicht von einem echten Monsun gesprochen, für den feste Kriterien bestehen, die aber hier nicht alle erfüllt sind. Deshalb wird der Begriff „monsunal" (monsunartig) benutzt, um auszudrücken, daß es sich um Vorgänge handelt, die dem Monsun Asiens ähnlen. Dieser Typ kommt vorwiegend zwischen Ende Oktober und Mai vor.

Typ 5: **Äquatorialer Typ** (*Fig. 3.4*): Wie Typ 4 erscheint dieser Typ oft im Sommer. Warmfeuchte Luftmassen aus dem Kongo-Gebiet und monsunale Luftmassen vom Indischen Ozean finden Zugang zu der Ostflanke des Tiefdruck-Troges über dem südlichen Kontinent. Verbreitete Schauer in der Osthälfte des Subkontinentes sind die Folge.

Typ 6: **Schauerwettertyp:** Dieser ebenfalls sommerliche Typ stellt eine abgeschwächte Form von Typ 4 und Typ 5 dar; er bringt sonnenreiches Wetter am Morgen und gewittrige Schauer am Nachmittag.

Typ 7: **Schlechtwettertyp** (*Fig. 3.5*): Dieser Typ kommt im späten Sommer und Herbst vor, aber auch im Frühjahr. Feuchtwarme Luftmassen gleiten aktiv oder passiv über kühle und ebenfalls feuchte Luftmassen auf bei allgemein südöstlichen Windrichtungen; man nennt es auch ein Unterschneiden der Warmluftmassen durch die Kaltluftmassen: Anhaltende Regenfälle auf der Ostflanke des Troges stellen sich über einem ausgedehnten Gebiet auf der Ostseite des Subkontinentes ein, die gelegentlich bis in das südliche Kapland reichen.

Von den genannten 7 Typen stellen die Typen 1 und 2 die Wetterlagen für eigenbürtiges, autochthones Wettergeschehen dar, während durch Advektion alle anderen Wettertypen als fremdbürtiges, allochthones Klima geformt werden.

Tabelle 3   Häufigkeit der 7 Wettertypen über Ost-Transvaal, Swaziland und Süd-Moçambique (in Prozenten, nach E. VOWINCKEL, 1955)

Monat	Wettertypen							
	I	II	III	IV	V	VI	IV + V + VI	VII
Januar	18	1	0	19	27	28	74	7
Februar	17	0	0	16	35	23	74	9
März	19	1	0	17	37	20	74	6
April	25	3	3	18	26	17	61	8
Mai	38	3	4	14	19	14	47	8
Juni	79	2	4	6	7	0	13	2
Juli	79	4	5	6	3	1	10	2
August	72	8	8	10	1	1	12	0
September	65	14	6	7	5	1	13	2
Oktober	38	19	3	9	15	5	29	11
November	19	5	3	12	25	27	52	9
Dezember	12	1	1	14	35	28	77	9

Tabelle 3 gibt eine Übersicht über die monatliche **Häufigkeit** in Prozenten der von Vowinckel definierten Wettertypen, die weitgehend auch für unseren Raum Geltung haben. Größenordnungsmäßig sind diese mittleren Häufigkeitszahlen durchaus als gesichert anzusehen, wenn sie auch in einzelnen Jahren — wie jeder Mittelwert — starken Abweichungen unterworfen sein können. In dem von Vowinckel benutzten Zeitraum 1949—1954 stellten sich nur relativ geringfügige Trockenheitsperioden während der Regenzeiten ein; deshalb kann der annähernd „normale" jahreszeitliche Wechsel der Wettersituationen aus dieser Frequenz-Tabelle recht gut abgelesen werden. Über die Bedeutung der Begriffe „Trockenheit" und „Dürre" wird weiter unten noch gesprochen werden.

Hier seien noch einige Anmerkungen zum „Normal"-Ablauf hinzugefügt (siehe *Tabelle 3*):

Der **winterliche Schönwettertyp** hat seine markante Häufigkeit von im Mittel 77 % während der 3 Monate von Mitte Mai bis Mitte August. Zeitweilige und gewöhnlich wenig intensive Unterbrechungen durch schwache Niederschläge im Zusammenhang mit durchziehenden Kaltfronten ändern wenig an dem stabilen Charakter dieses Wettertyps.

Der **Warmwettertyp**, der häufig mit besonders warmen Bergwinden, d. h. vom Hochland in Richtung auf die Küste, verbunden ist, zeigt, von August bis Oktober zunehmend, seine größte Häufigkeit im Frühjahr. Im Volksmund spricht man deshalb auch von „August-Winds" und meint damit den Abschluß der winterlichen Schönwetterperiode und das Herannahen der Regenzeit. Häufig ist dieser Warmwettertyp der zuverlässige Vorbote eines kommenden Kaltluft-Einbruchs.

Eine „Bergwind"-Wetterlage kann sich jedoch auch während anderer Jahreszeiten einstellen, wenn relativ hoher Luftdruck sich über dem Subkontinent befindet. Diese warmen Bergwinde geben stets Anlaß zu erhöhter Trockenheit (Luftfeuchtigkeit oft nur 10 %) und stellen somit eine große potentielle Feuergefahr in Wald, Busch und Feld dar. Eine weitere bemerkenswerte Begleiterscheinung sind Staubstürme, Sandhosen und allgemein schlechte Sicht.

Der **Kaltwettertyp** kommt natürlich am häufigsten im Winter vor. Er zeigt aber noch während des Frühjahrs bis in den November hinein eine relativ große Häufigkeit, die dadurch eine besondere Bedeutung erhält, daß aus ihr Schadfröste resultieren. Daß sich dieser Kaltluft-Typ auch im Sommer einstellen kann, kommt wegen der Seltenheit in der Frequenz-Tabelle nicht deutlich zum Ausdruck. In den seltenen Fällen aber spielen sich die Vorgänge mit Regen- und Hagelschauern und starken Gewitterböen auf einem höheren Temperaturniveau ab als im Winter; sie sind dann häufig mit „Windbrüchen" verbunden, die sich besonders schädlich in Obstplantagen, bei Blüten und Früchte tragenden Bäumen auswirken.

Wenn man die 3 Typen „**Monsunaler Typ**", „**Äquatorialer Typ**" und „**Schauerwetter Typ**" zusammenfaßt, ergibt sich eine mittlere Häufigkeit von etwa 75 %, wodurch das sommerliche Schauerwetter von Dezember bis in den März hinein über unserem Raum recht treffend charakterisiert wird.

In Zusammenhang mit dem Begriff „monsunal" (monsunartig) soll auf eine Temperatur-Singularität verwiesen werden, die auf dem Highveld und den Gebirgsstationen unseres Kartenabschnittes in Erscheinung tritt: Die monatlichen Maximum-Werte der Lufttemperatur zeigen im Jahresablauf für Oktober deutlich ein sekundäres Maximum, während das absolute Minimum erst in den Hochsommer-Monaten Dezember bis Februar beobachtet wird. Diese Erscheinung muß aus dem Beginn der Regenzeit gegen Ende Oktober oder Anfang November abgeleitet werden, wodurch sich während des Monats November niedrigere Maximum-Temperaturen einstellen als im Oktober. In den Monsun-Ländern Asiens ist dieser Temperatur-Abfall zu Zeiten des Monsun-Beginns ein deutliches und höchst willkommenes Ereignis. Bis zu einem gewissen Grade läßt sich Ähnliches für das Highveld von Süd-Afrika und Swaziland sagen (siehe Stationen Nr. 7, 8, 19, 20, 31, 32, 46, 48, 49, 57, 59, 75, 76, 90).

Der **Schlechtwetter-Typ** ist, rein meteorologisch gesehen, ein Zwischentyp, der auch zu den übrigen 3 Schauertypen gerechnet werden kann; seine Häufigkeit ist nicht groß, aber durch das oft über Tage sich hinziehende, wirklich schlechte, regnerische Wetter mit Gewittern ist es für die Bewohner dieses Raumes ein ungewohntes und deshalb besonders unangenehm empfundenes Wetterereignis; Sonnenschein ist bei diesem Typ nur sehr selten wahrzunehmen.

Aus der Betrachtung dieser Wettertypen lassen sich, neben den soeben erwähnten Einzelheiten, die groß-klimatologischen Gegebenheiten zusammenfassen:

Der jahreszeitlich bedingte Wechsel von „feucht" und „trocken", das Hauptcharakteristikum dieses Raumes, wird durch winterliche Eigenbürtigkeit und sommerliche Fremdbürtigkeit der mannigfachen Wettersituationen hervorgerufen, wodurch die markanten, oft recht krassen Kontraste geschaffen werden. Die konventionelle Betrachtung von Zahlenwerten der arithmetischen Mittel von Klimaparametern, insbesonders des Niederschlags, aber auch zeitweise der Lufttemperatur, „verwirrt" nur allzu häufig das wahre Klimabild, das vorwiegend durch die Extreme der Wetterelemente geprägt wird.

Der Versuch zur Schaffung einer Systematik der Wettertypen, wie er durch **Vowinckel** eingeleitet wurde, sollte nur als ein Beginn gewertet werden, der durch eine intensive Behandlung der Höhenwetter-Situationen vervollständigt werden sollte.[1] Aus den die Wettertypen beschreibenden Abbildungen in *Figur 3* geht hervor, daß es vorwiegend östliche Windrichtungen sind, die Fremdbürtigkeit begleiten. Dabei sind die aus der Westwinddrift stammenden Kaltfronten, natürlich mit einer starken südlichen Komponente behaftet, also aus Südost und Südsüdost, besonders im südlichen Teil, im Raum von Ponto d'Oro bis etwa João Belo, vorherrschend. Bei den übrigen Typen, dem monsunalen und äquatorialen, handelt es sich mehr um Winde aus nordöstlichen und nordnordöstlichen Richtungen.

In diesem Zusammenhang muß der sehr häufig geäußerten Ansicht widersprochen werden, daß es sich im Falle des Vorkommens von Südost-Winden um den Südost-Passat handelt. Dieser ist, da er durch Absinkvorgänge an der Nordflanke und im Kernbereich der semipermanenten Antizyklone über dem Indischen Ozean entsteht, ein trockener Wind, der nur in den untersten Schichten während des weiten Weges über das warme Meer hinweg sich mit Wasserdampf angereichert hat. Beim Auftreffen auf die Dünen im Küstenbereich schlägt sich diese Feuchtigkeit dort nieder; der Rest staut sich im Binnenland an den Lebomboбergen und an der Randstufe und erscheint dort in fast täglichen morgendlichen Nebeln mit gelegentlichen Sprühregenschauern. Diese vom Südost-Passat verfrachtete Luftmasse ist ihrem Ursprung entsprechend subtropisch-warm mit den dafür kennzeichnenden Wolkenerscheinungen von *cumulus humilis* und *cumulus congestus*, den Schönwetterwolken.

---

[1] Im Jahre 1981 erschien die erste Auflage von "Southern Africa's Weather Pattern — a guide to the interpretation of synoptic maps" von Lynn Hurry und Johan van Heerden. Es handelt sich um 20 Wetterkarten von Südafrika und dem umgebenden Seeraum mit überlagernden Konturlinien der 850 mb-Fläche bzw. der 500 mb-Fläche; beigefügt sind die entsprechenden Bilder des Wettersatelliten METEOSAT I. Die dargestellten Wettertypen sind weitgehend identisch mit den von Vowinckel auf anderer Grundlage definierten Typen, so daß sich eine nähere Interpretation hier erübrigt.

Im Gegensatz zu diesem semipermanenten Auftreten des Südost-Passates steht ein um Südost schwankender Wind auf der Rückseite von Kaltfronten, die feucht-kalte Luftmassen subpolaren Ursprungs in unseren Küstenbereich verfrachten. Hinter diesen Kaltfronten zieht ein Hochdruckkeil des südatlantischen Hochdruckgebietes, eng an die Süd- und Südostküste des Subkontinentes angelehnt, und erscheint schließlich als selbständiger Hochdruckkern über dem Westteil des Indischen Ozeans, von wo er dann gewöhnlich im Laufe von zwei bis vier Tagen, an ursprünglicher Bedeutung verlierend, aus dem Luftdruckbild verschwindet. Auch auf der Nordflanke dieses kalten Teilhochdruckgebietes bringen Südostwinde feuchte und kühle Luftmassen ursprünglich subpolaren Ursprungs auf den Subkontinent mit den für Schlechtwetter typischen Wolkenerscheinungen von *Nimbostratus* und gewittrigen *Cumulo-Nimbus*. Diese Kaltfronten aus Südost können nicht mit dem „Passat"-Begriff verbunden werden.

4.3 Spezielle Klimagenese: Einzelinterpretationen

Das für die Karte S 5 angewandte Konzept, vorwiegend Jahres-Werte der Klima-Elemente darzustellen, muß als statisch angesehen werden. Es setzt Grenzen bei dem Bemühen, die Klima-Dynamik dieses Raumes zu erfassen, die von trockenen und feuchten Jahreszeiten und der damit verbundenen Variation von Wettertypen bestimmt ist.

4.3.1 Die sommerliche Regenzeit

In diesem Klimagebiet erscheint die Frage nach der Regelmäßigkeit und Pünktlichkeit der „Regenzeit" ganz besonders wichtig. Für die Bestellung der Felder auf dem Hochland von Transvaal sind für den Farmer das Erscheinen von sogenannten „Pflug-Regen", d. h. von mindestens 25—50 mm Niederschlag im Frühjahr etwa ab Mitte Oktober, die Grundlage für seine Bestellungs-Aktivitäten. Solange diese Minimum-Beträge nicht fallen, kann der Farmer u. U. nicht oder nur teilweise damit beginnen, die wichtigste Körnerfrucht des Landes, den Mais, zu säen. Erst wenn der von der Wintertrockenheit steinhart gewordene Erdboden durch diesen ersten Regenniederschlag an der Oberfläche weich geworden ist, kann der Farmer den Boden beackern, dann aber buchstäblich über Nacht. Sind solche Niederschläge jedoch Anfang November noch nicht gefallen, so sieht sich der Farmer ernsten Problemen gegenüber, weil die Wachstumszeit des Mais begrenzt ist.

4.3.2 Das Phänomen der Januar-Trockenheit

Wie Vowinckel (1955) zeigt, nimmt die Regenzeit in mehreren Wellen an Intensität zu, die von trockenen Perioden unterbrochen werden; von ihnen ist die meist bekannte und „beargwöhnte" die sogenannte „Januar-Trockenheit". Die Maispflanzen müssen während ihrer Blütezeit eine besonders kritische Periode überstehen, die zu erheblichen Ertragsminderungen führen kann, wenn nicht während dieses Zeitraumes von 2—3 Wochen reichliche Niederschläge die Bestäubung der Maisblüten sicherstellen. Während des Monats Januar, vorwiegend in den ersten zwei Dekaden, stellt sich des öfteren die „Januar-

Trockenheit" ein. Fallen die Trockenperioden und die sensitive Blütezeit des Mais zusammen, so ist der Mais-Ertrag stark gefährdet. Der Maisfarmer auf dem östlichen Highveld muß in jedem Jahr mit diesem Problem rechnen. Man kann diese Art Singularität zurückführen auf den Typ 4 (Monsunalen Typ) der Wettertypen (nach Vowinckel): Diese Januar-Dürre ist vergleichbar mit dem bekannten Begriff der „Monsun-Pause" und kann wohl „monsunale Pause" genannt werden. Um dieses Problem nach Möglichkeit zu entgehen, wird der Farmer versuchen, den Mais entweder früher oder später zu säen, je nach Wahl der von ihm benutzten Mais-Varietät. Das Ausbleiben der unersetzlichen „Pflug-Regen" zum günstigen Zeitpunkt setzt jedoch solchen Intensivierung-Manipulationen enge Grenzen.

Gegen Ende der Vegetationszeit sieht sich der Mais-Farmer einer weiteren Begrenzung gegenüber, wenn er im Frühjahr gezwungen war, die Aussaat des Mais wegen Regenmangel zu verzögern. In außergewöhnlichen Herbstzeiten können sich im April auf dem Highveld im Raume Ermelo schon schädigende Bodenfröste einstellen, die das Reifwerden der Maiskörner verhindern, wodurch es zu Qualitätsminderungen und entsprechenden finanziellen Einbußen kommen kann.

Es muß hier auf einen scheinbaren Widerspruch verwiesen werden, den man darin sehen kann, daß einerseits in Teilen des Highveldes eine sogenannte „Januar-Dürre" wahrgenommen wird, aber häufig der Januar als einer der regenreichsten Monate im Jahresablauf erscheint. Dieser Widerspruch ist insofern nur scheinbar, als einmal „Januar-Dürre" und annäherndes Jahres-Maximum des Niederschlags nicht immer in dem selben Januar aufzutreten brauchen; dennoch kann es durchaus vorkommen, daß 1—2 Wochen zu Beginn des Januar regenlos und somit dürr sind, aber daß danach eine Reihe von starken Schauern während der zweiten Hälfte des Monats die als „normal" bezeichneten Regensummen doch noch liefert.

So helfen klimatische Überlegungen dem Mais-Farmer, die seiner Gegend angemessenen Planungen zu unternehmen. Dazu gehören einige Einsichten über zeitweilige Trockenperioden während der als „normal" bezeichneten sommerlichen Regenzeit. Die „Januar-Trockenheit" muß durchaus als gleichwertig „normal" angesehen werden.

4.3.3 80 %ige Wahrscheinlichkeit bestimmter Regensummen

In diesem Zusammenhang ist die Betrachtung von Karten der 80 %igen Wahrscheinlichkeit bestimmter Regensummengruppen für das Gebiet von Transvaal und Swaziland von Interesse (*Fig. 4*). Sie zeigen, auf monatlicher Basis, den langsamen Beginn der Regenzeit während des September mit maximal etwa 25 mm Regen auf dem flach ansteigenden Hochland von Swaziland. Mit jedem weiteren Monat wächst die lokale Menge, aber es dehnt sich auch das Areal aus, und zwar von Südost in nordwestlicher Richtung, wobei die Höchstsummen natürlich auf den Höhen der Randstufe vorkommen; dieser „Wachstums-Prozeß" der Niederschläge dauert etwa bis Dezember-Januar. Danach wird er langsam rückläufig, bis im April ein dem September ähnliches Bild erscheint: Nur noch auf wenigen Höhen fallen nennenswerte Niederschläge. Die Karten von Mai bis August zeigen keine Werte der 80 %igen Niederschlagswahrscheinlichkeit (siehe Buys, Fabricius u. a. 1979).

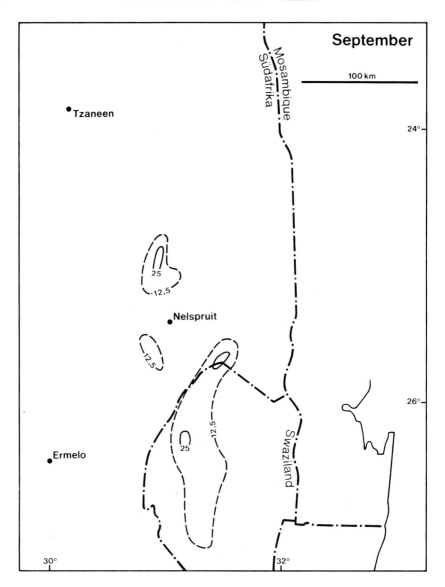

Figur 4 Regensummen für September bis April, Monatliches Niederschlagsmittel in mm. Entwurf: A. F. Fabricius. Zeichnung: M. Vierschilling.
Durchgezogene Linien: 25, 50, 75, 100, 125 mm.
Gerissene Linien: 12,5, 37,5, 62,5, 87,5 mm.

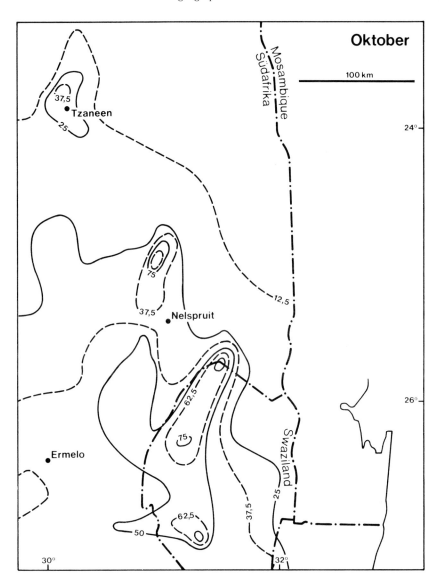

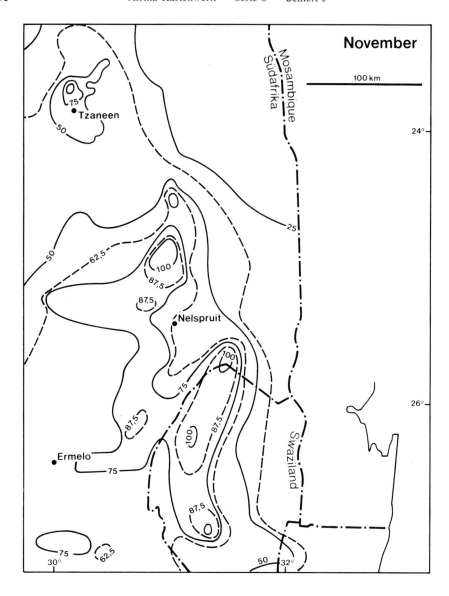

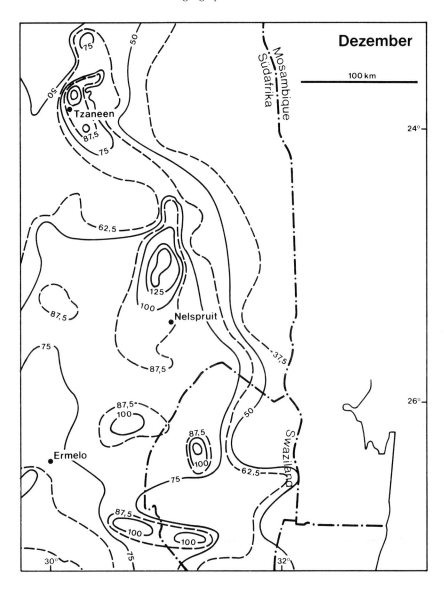

Dezember

100 km

Tzaneen

Nelspruit

Ermelo

Mosambique
Südafrika

Swaziland

24°

26°

30°   32°

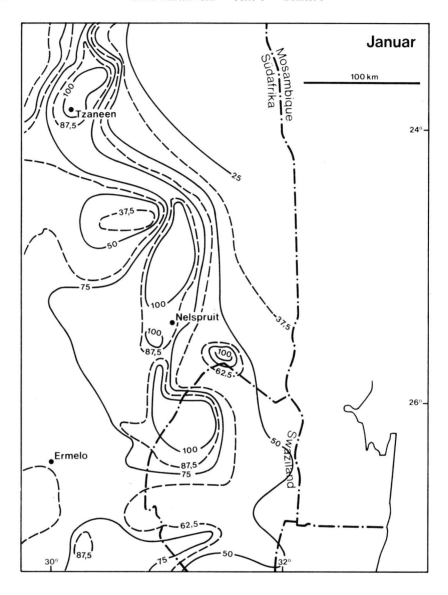

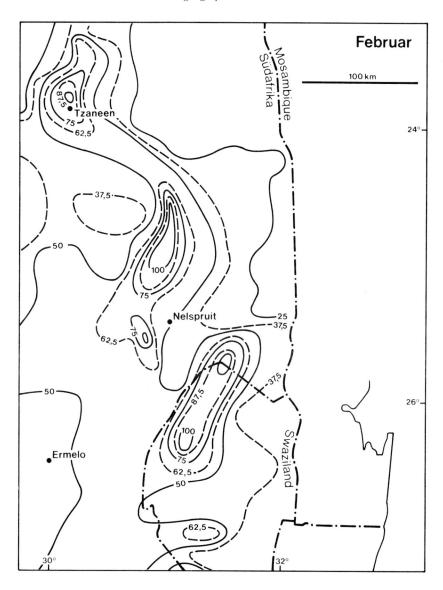

Februar

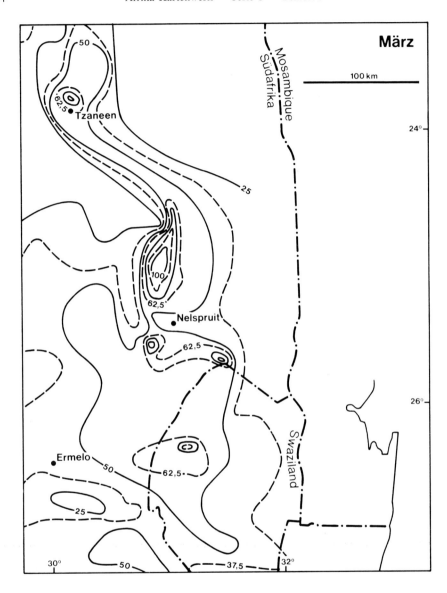

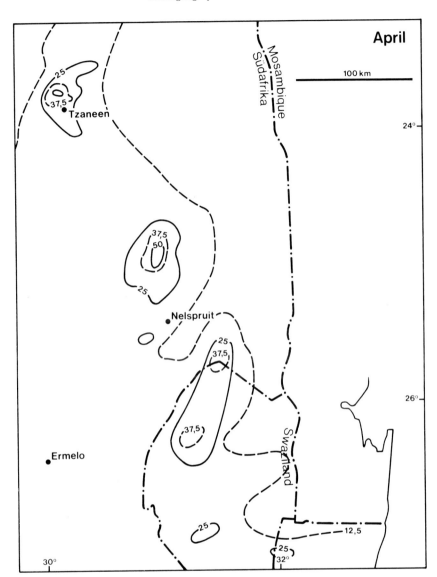

April

100 km

Mosambique
Südafrika

24°

25

37,5
Tzaneen

37,5
50

25

Nelspruit

25

37,5

26°

37,5

Swaziland

Ermelo

25

12,5

30°

25
32°

Für Moçambique sind solche Wahrscheinlichkeitswerte in dieser Form nicht verfügbar. Im größten Teil des südlichen Moçambique wird der November als der Beginn der Regenzeit angegeben, im äußersten Nordwest-Teil unseres Bereichs sogar erst der Dezember. Nur in der Gegend um Namaacha im zentralen Teil der Lebombos kann man schon gegen Ende Oktober von einem Regenzeit-Beginn sprechen. Das Ende der Regenzeit stellt sich in Moçambique während des April ein. Entlang der Küste kann es sich aber bis zum Mai und Juni (Limpopo-Mündung) verzögern. Für den äußersten nordwestlichen Teil ist die Regenzeit jedoch schon im Januar und Februar beendet. Unsere Daten der 93 Stationen in der Tabelle bestätigen diese Regenzeit-Grenzen (siehe auch die Daten für Pafuri (93)).

4.3.4 Zuverlässigkeit der Niederschläge: Der Variationskoeffizient

Zahlen der Zuverlässigkeit von Regenfällen sind ein umstrittenes statistisches Problem. Eine Methode ist die Berechnung des Variations-Koeffizienten, die durch manche Klimatologen angewendet wurde, u. a. im Raum des südlichen Afrika durch S. Gregory (1964) und A. F. Fabricius (1968). Wenn man die Problematik dieser Methode sorgfältig beachtet, sollten keine zu großen Bedenken gegen ihre Anwendung erhoben werden. Die Skizze der relativen Zuverlässigkeit auf der Karte S 5 gibt für Teile unseres Bereiches einige Werte des Variations-Koeffizienten, wobei die niedrigsten Prozentzahlen den Raum der zuverlässigsten Regenfälle widerspiegeln, also den Raum Ermelo-Belfast und West-Swaziland. Die unzuverlässigsten Räume liegen im südlichen und mittleren Küstenbereich und dem angrenzenden Binnenland. Diese Zahlen entsprechen recht gut der Beobachtung, daß im Bereich des Limpopo-Flußtales die Regenfälle am unzuverlässigsten sind.

4.3.5 Unzuverlässigkeit der Niederschläge: Trockenheit und Dürre

In subtropischen Ländern ist die Unzuverlässigkeit der Niederschläge in Raum, Menge und zeitlichem Ablauf eine bekannte Erscheinung. Dies bedeutet einerseits, daß es während der „normal" abgegrenzten Regenzeit für Tage, Wochen und sogar Monate zu ausgeprägten Trockenperioden kommt, aber auch, daß es in Trockenzeiten oft zu ergiebigen lokalen Schauern kommen kann. In dem Maße, wie die Bevölkerung anwächst und damit der Bedarf an Wasser für Industrie, Landwirtschaft und persönlichem Gebrauch größer wird, wächst auch das Ausmaß des Katastrophalen im Falle der Dürre, da das Wasser eines der am wenigsten entbehrlichen und ersetzbaren Lebensgrundelemente ist.

Es ist unbestritten, daß der Begriff „Trockenheit" nicht allein durch meteorologische Parameter bestimmt werden kann; was in einem Gebiet mit vorwiegend landwirtschaftlichem Charakter als „Trockenheit" oder gar „Dürre" bezeichnet wird, muß nicht notwendigerweise in einem anderen Gebiet als ebenso ernst angesehen werden. H. Landsberg (1958) hat mit Recht angemerkt, daß „Trockenheit" eine biologische Erscheinung ist, die entsteht, wenn bestimmte Pflanzen irgendwo eingeführt werden, ohne daß sie klimatologisch vollkommen angepaßt sind. Trotzdem ist natürlich das Ausbleiben von Niederschlägen während normaler Regenzeiten die Grundursache für den Dürre-Begriff. Mit dem Regenmangel geht Wolkenarmut und damit erhöhte Lufttemperatur und erhöhte Verdunstung einher. All dies zusammen führt über einen größeren Zeitraum zu dem Katastrophen-Begriff „Dürre".

Solche Katastrophen-Dürrezeiten sind in unserem Bereich relativ selten. Immerhin sind vier große Dürrekatastrophen von vierjähriger Dauer und länger, während zweier Menschenalter vorgekommen; sie nehmen jedoch, wie schon erwähnt, neuerdings einen größeren Katastrophencharakter an als vor 60 Jahren.

Aus Statistiken des Südafrikanischen Wetterdienstes (District Rainfall, 1972) läßt sich ableiten, daß im Bereich des Highveldes im Grenzgebiet von Südost-Transvaal und Swaziland, etwa um Jessievale (16), die Tendenz zur Dürre innerhalb von 54 Jahren 37 % beträgt, während im nördlichen Teil der Randstufe, etwa um und nördlich Pusella (84), diese Dürretendenz auf 46 % ansteigt. Während dabei im Bereich um Jessievale (16) die 70 %-Grenze des mittleren Jahresniederschlages nicht unterschritten wurde, sank diese im Gebiet der nördlichen Randstufe dreimal auf unter 60 % der mittleren Jahresniederschlagssumme ab. Dabei muß bemerkt werden, daß die hohen Niederschlagszahlen des Jahresmittels der Station Woodbush (83) im Gebirge nicht mit diesen Überlegungen im Widerspruch stehen, da deren Regensummen vorwiegend durch die Steilabhänge der Randstufe bedingt sind, also wesentlich aus Steigungs- oder orographischem Regen stammen.

4.3.6 Ein Trockenjahr

Um die Besprechung des „Dürre"-Problems abzuschließen, wird auf die S 5 a „Trockenjahr" und „Feuchtjahr" verwiesen. Es handelt sich bei dem „Trockenjahr" um den Zeitraum vom 1. Juli 1965 bis 30. 6. 1966. Mit diesem Jahr schloß die seit 1961 in weiten Teilen von Transvaal und dem nördlichen Oranje-Freistaat herrschende Dürre auch für unseren Bereich vorläufig ab. Es hatte in den vorhergehenden Jahren natürlich hier und dort geregnet, es waren sogar örtliche Überschwemmungen als Folge von lokalen Wolkenbrüchen vorgekommen; selbst für einige Wochen war zeitweise hier oder dort eine „kleine" Regenzeit eingetreten. Durchweg lagen die Prozentzahlen (100 % gleich langjährigem Mittel) in zahlreichen Distrikten (nicht etwa Einzelstationen) jedoch zwischen 52 % und 95 %, vorwiegend nicht über 80 %. Unser Kartenabschnitt lag zufällig etwa in einem Teilkern der Dürre. Diesen absonderlich trockenen Zustand auf einer Karte darzustellen, war das Ziel. Für Transvaal und Swaziland ist es auch annähernd gelungen; im Küstenbereich von Süd-Moçambique machte sich jedoch die tropische Zyklone „Claude" bemerkbar, die zwischen dem 3. und 5. Januar 1966, vom nördlichen Moçambique-Kanal kommend, auf der Westseite von Inhambane südwestwärts zog und sich schließlich nordwestlich von Maputo auflöste. In ihrem Bereich wurde bis in das Lowveld Transvaals das Bild der Dürre für einige Zeit überdeckt. Es ist bemerkenswert, daß im Raum von San Martinho (44) nur etwa 80 % der mittleren Jahressumme des Regens fielen, obwohl in der ersten Januar-Dekade dort 248 mm gefallen waren. Im Dezember 1965 hatte Maputo nur 18,3 mm Regen erhalten, also gegenüber dem langjährigen Mittel von 101 mm nur 18 %. Bei Inhambane-Maxixe waren im Dezember 16,2 mm, demnach nur 15 % vom langjährigen Mittel von 108 mm gemessen. In den ersten Januartagen von 1966 fielen im Küstenbereich von Inhambane bis Zitundo (2) zwischen 248 mm (San Martinho) und 683 mm (Maputo). Die Monatssummen für Januar 1966 waren bei Inhambane-Maxixe schließlich 333,3 mm oder 134 %; bei Maputo fiel der Rekord-Betrag von 726,1 mm oder 599 %. Verglichen mit dem langjährigen Jahresmittel von 755 mm bei Maputo war diese Zahl innerhalb von 5 Tagen mit 96 % fast erreicht. Diese Starkregen waren zeitlich nur auf 4—7 Tage innerhalb der ersten Januar-Dekade beschränkt, während die zweite Januar-Dekade schon wieder negativ Abweichungen vom langjährigen Mittel aufwies. Von den 18 Dekaden der zweiten Hälfte des Jahres 1965 waren im südlichen Moçambique 12 zu trocken, während von den 18 Dekaden der ersten Hälfte des Jahres 1966 immerhin noch 10 Dekaden zu trocken waren.

Das charakteristische der Dürre im südlichen Afrika (Zimbabwe, Botswana, Südwest-Afrika, Swaziland, Lesotho und etwa 90 % des Sommerregengebietes der Republik Süd-Afrika) wird in unserer Karte angedeutet durch negative Abweichungen mit Prozentzahlen von nur 48—50 % im Vuvani-Gebiet (nordöstlich Tzaneen) und 57—60 % in Sekhukhuni-Land. Ein anderes Trockengebiet von unter 70 % findet sich im nördlichen Teil des Krüger-Parkes, das sich auch noch weiter nach Osten bis über den Zusammenfluß von Olifants- und Limpopo-Fluß ausdehnt. Auch über dem südöstlichen Highveld Transvaals liegt südlich Ermelo (7) ein Trockengebiet von weniger als 60 %. Alle diese hier als Teilgebiete erscheinenden Regenmangel-Gebiete erweisen sich nur als Ausläufer eines riesigen Gebietes mit erheblichem Regen-Defizit über dem südlichen Afrika südlich von etwa 21° Süd und westlich von 30° Ost.

Insgesamt zeigt die „Trockenjahr"-Karte eine eindeutige Gliederung mit ausgeprägten Gradienten in Richtung der Regen-Überschußgebiete, die aber nur die Folge lokaler und kurzfristiger, aber doch äußerst kraftvoller Einflüsse des abgegrenzten tropischen Regen-Gebietes sind. Im Gegensatz dazu erscheinen die Trockengebiete auffallend wenig gegliedert. Sogar entlang der Randstufe schwanken die Prozentzahlen zwischen 75 % und 95 %: Ein deutliches Zeichen von Dürre, da es sich ja um den Zeitabschnitt eines ganzen Jahres handelt. Nur westlich und südöstlich von Nelspruit (37) sowie an den Ostabhängen der Großen Randstufe in Swaziland werden annähernd 100 % oder „normaler" Regenfall erreicht, der noch als Ausläufer des tropischen Starkregens bewertet werden muß.

Eine Statistik der tropischen Zyklonen bei Madagaskar, über dem Moçambique-Kanal, nennt eine Zahl von 520, gezählt in den 70 Jahren zwischen 1848—1917, demnach ein Mittel von 7,4 pro Jahr. Hierbei ist aber zu berücksichtigen, daß bei weitem nicht alle tropischen Zyklonen derartige Regenmengen über dem Festland liefern, wie „Claude" vom 3.—7. Januar 1966. In manchen Jahren entfallen die Auswirkungen der tropischen Zyklonen.

Man muß diese Art der Zyklonen auf Wellenstörungen im Südost-Passat-Strom auf der Nordflanke über dem weiten Indischen Ozean zurückführen, die sich im Laufe von Tagen zu echten tropischen Zyklonen entwickeln, dann den Nordteil des Moçambique-Kanal erreichen können, aber zu einem großen Teil auch auf der Ostseite Madagaskars wieder mit Kurs nach Südosten in der Westwind-Drift aufgehen.

4.3.7 Ein Feuchtjahr

Das Jahr vom 1. 7. 1966 bis 30. 6. 1967 wurde als „Feuchtjahr" angesehen, da es weitverbreitet vom Dezember 1966 bis Mai 1967 Prozentzahlen von mehr als 100 % aufwies, so daß die prozentuale Jahressumme in manchen Distrikten auf 115 % und sogar 124 % des langjährigen Jahresmittels kam. Das waren, im Vergleich zu den vorausgegangenen 6 Jahren, besonders markante Zahlen, auch wenn sie im Einzelfall nicht so ungewöhnlich hoch erschienen. Der deutliche Gegensatz zwischen langjähriger Dürre und einer übernormalen Regenzeit erschien in dem Jahr 1966/67 bemerkenswert.

Die Karte des Regenüberschusses zeigt eine einheitliche Gliederung. Ganz im Gegensatz zur Karte des mittleren Niederschlags mit Gradienten vom hohen Regenfall an der Küste zu niedrigen Regensummen im Binnenland von Moçambique, weist die Karte des Feuchtjahres eher ein geradezu umgekehrtes Bild auf. 170 % (an einzelnen Plätzen 228 %-Chibuto und 255 %-Chobela) im Binnenland stehen an der Küste Werten von nur 150, 120 und 100 % gegenüber, zersplittert in mehrere Teilgebiete.

Im westlichen Kartenteil, über Swaziland und Transvaal, deutet eine Aufteilung in zahlreiche uneinheitlich geformte Überschußgebiete auf den Einfluß einzelner topographischer Elemente; an deren Lee-Seiten ergeben sich deutlich lokal begrenzte „Regenschatten".

Man könnte geneigt sein, den Regenüberschuß der ersten Januartage von 1966 mit dem der Überschuß-Karte von 1966/67 zu vergleichen. Dagegen ist aber einzuwenden, daß im Gegensatz zum Überschuß von 4—7 Tagen während Januar 1966, der durch ein einzelnes Wetterereignis zustande kam, es sich bei der Feuchtjahr-Karte um einen Überschuß handelt, der wesentlich aus einem Zeitraum von etwa 8 Monaten stammt, wovon 6 Monate (Dezember 1966 bis Mai 1967) zusammenhängen. Während dieser 6 Regenmonate wurde unser Gebiet von einer Vielzahl von Wettertypen berührt. Man wird akzeptieren müssen, daß es keinen genetischen Einzel-Typ für ein „Trockenjahr" oder ein „Feuchtjahr" geben kann.

Schließlich sei darauf hingewiesen, daß diese beiden Abweichungskarten trotz der Gegensätze eines gemeinsam haben, nämlich die scheinbar kuriose Tatsache, daß positive Abweichungen von annähernd gleicher Größenordnung vom langjährigen Mittel der Regensummen sowohl auf einer Karte der „Trocken"-Zustände, wie auch auf einer solchen der „Feucht"-Zustände erscheinen. Diese großen Gegensätze in geringer Entfernung voneinander sind eine klimatologische Grundtatsache der Subtropen.

Bei den überstarken Niederschlägen, die sich nicht nur während des Vorbeizuges von tropischen Zyklonen einstellen, sondern auch lokal durch wolkenbruchartige Schauer verursacht werden, und zwar sowohl in einem „Trockenjahr" wie auch in einem „Feuchtjahr", stellen sich des öfteren weit ausgedehnte Überschwemmungen ein. Diese treten nicht nur im niedrig gelegenen Moçambique auf, wo der Grundwasserspiegel relativ hoch gelegen ist, sondern werden auch im Lowveld und Highveld beobachtet, wo die stark ausgetrocknete und somit steinhart gewordene Bodenoberfläche die riesigen Wassermengen der über die Ufer getretenen Ströme nicht unmittelbar absorbieren kann. Es ist eine alte Erfahrung in den Subtropen, daß auf eine Dürre oft Überschwemmungen unmittelbar folgen.

Bis zu einem gewissen Grade sind solche lokalen Überschwemmungen im Bereich der Randstufe und selbst auf dem Highveld vergleichbar mit denen des Lowveld und der küstennahen Niederungen, wo sie durch tropische Zyklonen verursacht werden. In den Subtropen ist die hohe Instabilität, erkennbar an der besonders großen Häufigkeit des Erscheinens von hochaufgetürmten Konvektionswolken (Cumulo-Nimbus, Cumulus congestus und alle Quellwolkentypen des mittelhohen Wolkenniveaus) kennzeichnendes Merkmal der Klimazustände: Die täglich sich einstellende enorme Überhitzung der Erdoberfläche auf der einen Seite, aber auch das stets sich erneuernde Potential an Kaltluftzufuhr aus mittleren Breiten, wie auch die einfache Advektion von instabilen Luftmassen (monsunale und äquatoriale Wettertypen), all dies zusammen ergibt ein besonderes Maß an Instabilität, das nur dort begrenzt wird, wo örtlich und zeitlich ausgesprochen trockene Luftmassen vorherrschen. Das alles kann sich natürlich auch über semiariden Arealen abspielen. Das Ergebnis dieser quasi-permanenten Gegenwart von Instabilität ist, im Vergleich zu mittleren und höheren Breiten, das große Vorwiegen von Schauern. Örtlich können sich daraus wolkenbruchartige Schauer ergeben, die in lokal begrenztem Umfang mit den aus den tropischen Zyklonen ausfallenden Regenmengen verglichen werden können. Eine inhärente Begleiterscheinung der starken Regenschauer sind Gewitter und Hagel.

Zusammenfassend sei darauf hingewiesen, daß aus der Betrachtung der behandelten Wettertypen gefolgert werden kann, daß eine wesentliche Voraussetzung für eine sog. „normale" sommerliche Regensaison oder auch ein „Feuchtjahr" in unserem Gebiet eine Luftdrucksituation ist, die es ermöglicht, daß immer wieder feuchte Luftmassen mit um Ost schwankenden Winden vom Äquatorraum oder vom Indischen Ozean her in das Sommerregengebiet des Subkontinentes verfrachtet werden, was durch einen ausgeprägten Trog niedrigen Luftdrucks über dem Festland bewirkt wird. Stellt sich jedoch während des Sommers häufig eine Luftdrucksituation ein, wie wir sie aus den winterlichen „Schönwettertypen" und deren Variationen kennen, so ist eine aperiodische Trockenheit, oder im Fall der allzu häufigen Wiederholung dieser Wetterlage über längere Zeiträume, eine katastrophale Dürre die Folge.

4.3.8 Die Anzahl der Regentage

Im Mittel beträgt die Anzahl der Regentage mit mehr als 0,1 mm Niederschlag auf dem Highveld bei Ermelo (7) bis Belfast (31) nur 80—90 Tage pro Jahr; im Bergland westlich von Tzaneen und in den höher gelegenen Teilen von Swaziland steigert sich diese Zahl auf 130—140 pro Jahr; während der Monate November bis März sind es dort etwa 16—19 Regentage pro Monat. Im Moçambique-Teil werden im Mittel etwa 100 Regentage pro Jahr an der Küste gezählt, die sich jedoch zur Grenze nach Transvaal auf 40—60 vermindern. Hierbei ist zu berücksichtigen, daß Regenfälle mit weniger als 10 mm pro Tag in den Subtropen wegen der enormen Verdunstung fast bedeutungslos sind. Somit fallen wirklich effektive Niederschläge im Mittel nur an etwa 25—30 Tagen, im Bergland an höchstens 40—55 Tagen.

Das Klimabild unseres Bereiches ist das der äußersten Kontraste: Ein Übermaß an Sonnenschein und Dürre auf der einen Seite, dem dann auf der anderen Seite ein Übermaß von intensiven Schauern mit Hagel und daraus sich ergebenden Schäden sowie Bodenerosion gegenüberstehen.

4.3.9 Nebelniederschlag

Neben dem aus Wolken herabfallenden Regenniederschlag ist auch noch der Niederschlag aus Nebel zu berücksichtigen, d. h., die an senkrechten Gegenständen sich „niederschlagenden" Wassermengen. Diese ursprünglich sehr feinen Tropfen fließen nach einigen
Minuten zusammen und ergeben eine Niederschlagsmenge aus Nebel. Vorwiegend an der
West-Küste des südlichen Afrika, wo der Benguela-Strom noch seinen Einfluß auf das
Küstengebiet ausübt, gibt es zeitlich und räumlich verbreitet anhaltende Nebelfelder, die
der Vegetation des Küstensaums neben dem geringen Regenfall weitere Feuchtigkeit zuführen und damit überhaupt erst das Gedeihen bestimmter Pflanzen ermöglichen. Im
Prinzip ähnliches gilt für diejenigen Bergregionen, die der herrschenden Windrichtung
annähernd lotrecht entgegengesetzt sind, also gewissermaßen als Hindernis im Windstrom
stehen. Die hier vorbeiziehenden Wolken lassen dann an diesen Bergzügen und ihrer Vegetation jeglicher Art, vom kleinen Grashalm bis zum hohen Baum, ihre vorhandene
Feuchtigkeit niederschlagen. Im südlichen Afrika sind große Teile der Gebirge, vom Kap
über die Drakensberge bis nach Zimbabwe hinein, solche „Hindernisse", die unter den
häufig gegebenen, Wolken-führenden Wetterumständen quantitativ unbestimmte Niederschlagsmengen zusätzlich zum gemessenen Niederschlag „auskämmen". Über weite Strekken hin spricht man in der montanen Stufe des südlichen Afrika von dem „Mistbelt".

Mehrere Einzel-Untersuchungen und Messungen mit „Fogcatchern" durch u. a. Nagel
(1956, 1962), Whitmore (1970), Schütte (1971) und Fabricius (1969, 1974) ergaben
Mengen von bis zum Dreifachen der gemessenen Regenmenge. Eine solche Wassermenge,
zusätzlich zum gemessenen Niederschlag, hat natürlich eine Vegetation besonderer Art
zur Folge, die, so sollte man annehmen, eingehendere Untersuchungen verdient als bisher.
Es sollte doch möglich sein, mit pflanzengeographischen Methoden und parallel laufenden
meteorologischen Messungen, verbunden mit Wetterlagen-Analysen, diesem bisher ungeklärten Quantitäts-Problem dieser Niederschlagsart systematisch näher zu kommen. Dabei muß daran gedacht werden, daß häufig solche Nebeltage mit ihrer Wasserspende gerade während der regenarmen Jahreszeit vorkommen, also dann, wenn der Niederschlag
von den Pflanzen am vorteilhaftesten benutzt werden kann. Im Bereich der „Mist-Belts"
oder Nebel-Gürtel hat der Nebelniederschlag eine enorme Bedeutung, die bisher nicht
hinreichend in ihren Auswirkungen beurteilt worden ist.

4.3.10 Das Auftreten von Frost

Fröste während der Wintermonate sind höchst willkommen und sogar erforderlich, um
u. a. z. B. bei Obstbäumen deren Bedarf an Kälteruhe zu decken. Das Ausbleiben der Winterfröste führt zu mancherlei Schäden in der Obsternte. Nur 1—2 Monate später jedoch
sind nächtliche Fröste gleicher Größenordnung in Schadfröste verwandelt und sind bei
Obstbäumen höchst unwillkommen: Sie haben deshalb für den betroffenen Farmer einen

ganz anderen Wert. In den Jahreswert der Mitteltemperatur gehen aber diese Schadfrost-Werte mit dem gleichen Gewicht ein, wie die winterlichen „Förderungs"-Fröste. Die letztgenannten vorteilhaften Winterfröste jedoch verlieren ihren Wert fast völlig, wenn nach ihrem nächtlichen Auftreten am darauf folgenden Tage Maximum-Temperaturen von über 25° C auftreten. Alle diese numerischen Einzelwerte werden aber zusammengefaßt in einer einzigen Jahreszahl, die dann häufig als Basis für Bewertungen benutzt wird: Es ist dies doch wohl eine fragwürdige Methode!

In unserer Legende zur Hauptkarte sind aus diesen Gründen die winterlichen Nachtfröste während der Zeit von Juni bis August mit einem besonderen Gewicht versehen und separat aufgeführt, wodurch dem einfachen arithmetischen Jahresmittel eine etwas andere Bedeutung zugeordnet wird.

Es sei hier noch einmal betont, daß das arithmetische Mittel eines klimatologischen Parameter — konventionell „normal" genannt — bei der Anwendung von biologischen Problemen komplexer Art nicht den normativen Charakter haben kann, den die Statistik aus rein mathematischen Gründen ihm zuteilt.

5. Ausblick

Bei der intensiven Auswertung aller Fragen des „Dürre"-Komplexes durch eine speziell für diesen Zweck angestellte Untersuchungskommission ist im „Interim-Report" (1968) die Meinung der landwirtschaftlichen Planungs-Beamten zusammengefaßt worden, u. a. in den Worten eines ihrer Sprecher bei Gelegenheit eines Symposiums (TIDMARSH 1967).

Mit diesen Maximen vor Augen wird hier die Anregung zu einer vorläufigen Risiko-Berechnung des klimatologischen Komplexes vorgelegt, um nach Möglichkeit zu einer weniger abstrakten Beantwortung zu kommen. Dabei ergibt sich als resultierende Forderung für die Bearbeitung mehr homogener Gebiete, daß auch die ungleichmäßig langen Monate als Berechnungsgrundlage aufgegeben werden und die 5-Tage-Einheiten zu Grunde gelegt werden, wobei natürliche Ereignisse die jeweils zweckmäßigste Berechnungs-Einheit bestimmen.

Es wird weiter noch zu untersuchen sein, ob nicht die hier zugegebenermaßen etwas willkürliche Einteilung der hygrischen Typen durch weitere rationale Überlegungen mehr sinnvoll gestaltet werden kann.

Wie schon erwähnt, kann Regen, wenn er in der optimalen Menge zur rechten Zeit des Jahres ausfällt, dem gleichen Stück Land mehrere Ernten abgewinnen; Regen kann aber auch, begleitet von Hagel und Windbruch, durch Überschwemmungen und Bodenverspülungen großen Schaden bringen. Dennoch ist im Volksmund „Regen" weitgehend identisch mit Wohlstand. Ein bekannter schwarzer Farmer im Raum des südlichen Afrika schenkte seiner Tochter als Hochzeitsgeschenk eine Farm und wünschte ihr betont viel „Pula". In dem betreffenden Land ist „Pula" auch die Währungseinheit. Demnach ist „Pula" gleichzusetzen mit Glück und Reichtum aus Regen, wenn er nur fällt . . .

Literatur

ANDREAE, B. 1974: Die Farmwirtschaft an den agronomischen Trockengrenzen. Erdkundliches Wissen. Heft 38. Beiheft zur Geographischen Zeitschrift. Wiesbaden.

BUYS, M. E. L.; FABRICIUS, A. F. et al. 1979: Analysis of rainfall in South Africa. Expectancy of monthly rainfall. Technical Communication Nr. 148. Department of Agricultural Technical Services, Pretoria.

DALTON, J. 1802: Experimental essays on the constitution of mixed gasses. Manch. Lit. and Phil. Soc. Mem. 5: 535—602.

DRUMMOND, A. J. & VOWINCKEL, E. 1957: The distribution of solar energy throughout Southern Africa. Journal of Meteorology, Vol. 14: 343—353.

FABRICIUS, A. F. 1969 a: Annual rainfall-totals over South Africa: Coefficient of variation, as based on 80 homogeneous rainfall districts. Dep. Agr. Techn. Serv. Unpublished.

— 1969 b: Eerste resultate van newelneerslag in Transvaal-Streek en 'n paar gedagte oor die uitbreiding van die ondersoek. Files of Transvaal-Region of Dep. Agr. Techn. Serv. Unpublished.

— 1974: Verslag oor metinge van newelneerslag. Files of Forest Research Institute of Dep. of Forestry, Pretoria. Unpublished.

GREGORY, S. 1964: Annual, seasonal and monthly rainfall over Moçambique. Geographers and the Tropics: Liverpool Essays, p. 81—109. London.

HAUDE, W. 1958: Über die Verwendung von verschiedenen Klimafaktoren zur Berechnung potentieller Evaporation und Evapotranspiration. Met. Rundschau 11: 96—99.

HURRY, L & VAN HEERDEN, J. 1981: Southern Africa's Weather Pattern. A guide to the interpretation of synoptic maps. Cape Town.

Interim Report of the Commission of Enquiry into Agriculture. R. P. 61/1968, Republic of South Africa, Government Printer, Pretoria.

LANDSBERG, H. 1958: Physical Climatology.

NAGEL, J. F. 1956: Fog precipitation on Table Mountain. Quart. J. Roy. Soc. 82: 452—460.

— 1962: Fog precipitation: measurements of Africa's Southwest coast. Notos (S. A. Weather Bureau) 11: 51—60.

PAPADAKIS, J. 1965: Potential Evapotranspiration. Buenos Aires.

— 1966: Climates of the World and their Agricultural Potentialities. Buenos Aires.

SCHÜTTE, J. M. 1971: Die onttrekking van water uit die newellaag en die lae wolke op Mariepskop. S. A. Dept. Water Affairs. — Div. Hydr. Research, Techn. Note 20: 1—21.

SCHULZE, B. R. 1965: Climate of South Africa, Part 9, General Survey. Pretoria.

— 1972: South Africa. In: H. E. Landsberg (ed.): Climates of Africa. World Survey of Climatology, Vol. 10, Chapter 15.

South African Weather Bureau, Dep. of Transport: District Rainfall, 1972: Climate of South Africa, Part 10. Pretoria.

TIDMARSH, C. E. M. 1967: Bioclimatology with special reference to agriculture. Paper read at the Annual Congress of the S. A. Association for the Advancement of Science. Pretoria.

TREWARTHA, G. T. 1966: The Earth's Problem Climates. Chapter IX and X. London.

TSUCHIYA, J. E. 1978: Climate of Africa. World Climatography, Vol. 2. English translation. Tokio.

VOWINCKEL, E. 1955: Beitrag zur Witterungsklimatologie Süd-Afrikas. Archiv f. Met., Geoph. u. Bioklimat. Serie B., Bd. 7, 1. Heft. Berlin.

— 1956: Ein Beitrag zur Winterklimatologie des südlichen Moçambique-Kanals. Miscelanea Geofisica Serviço Meteorológico de Angola, Luanda.

WHITMORE, J. S. 1970: The Hydrology. Symp. Water Natal, Durban.

— 1971: South Africa's water budget. South African J. of Sci. 67: 166—176.

Summary

The present supplement is a commentary on Africa Atlas Map S 5: Climatic Geography—South Africa. It is organized in four separate topic areas: climate typology, the discussion of climatic regions in the research area, the dynamics of climate in south-eastern Africa, and a review of perspectives for future research, mainly in agricultural meteorology.

In establishing a typology of climate, a case is made for a primary distinction between humid and arid months or seasons, such a distinction being more significant in this zone of transition between the outer tropics and the subtropical region than thermic criteria. Calculations in the present account are based on Papadakis' (1966) index: $I = \dfrac{N}{pEt}$, where I = index, N = precipitation in millimetres, and pEt = potential evapotranspiration in millimetres. The index values were calculated from the data of 93 stations in south-eastern Africa (see the table in the appendix). On the basis of this analysis, a hygric classification was set up comprising seven climatic types corresponding to the following index values:

$$
\begin{array}{ll}
> 1.20 & = \text{perhumid} \\
1.20 - 0.81 & = \text{humid} \\
0.80 - 0.61 & = \text{subhumid} \\
0.60 - 0.46 & = \text{semihumid} \\
0.45 - 0.31 & = \text{semiarid} \\
0.30 - 0.21 & = \text{subarid} \\
< 0.20 & = \text{arid}
\end{array}
$$

They are distinguished on Climate Map S 5 by gradations of colour ranging from blue tones for "humid" to yellow tones for "arid". I = 1.0 marks the borderline of climatic aridity, I = 0.45 that of agronomic aridity.

In addition to the hygric differentiation, a first regional division into maritime and continental locations and according to height above sea level was carried out. *Fig. 1* makes use of a west-to-east profile with 11 diagrams to illustrate the transition from a maritime-humid through a continental-arid to a continental-humid climate involved in a journey from the coast of southern Mozambique across the lowlands of the eastern Transvaal up to the tablelands on the eastern side of the South African interior highlands. A detailed analysis of the annual temperature, precipitation and evaporation regimes leads to a spatially particularized description of the climatic geography of the research area. The following natural regions are characterized climatically: the coastal zone, the Lebombo Mountains with their foot-zone, the Lowveld, the Middleveld, the Great Escarpment, the Highveld and the Bankenveld.

The coastal region, basically maritime-humid in character, presents two clearly distinct regional aspects: the climate of Inhambane with its perhumid character and the remaining parts of the coastal strip with their subhumid character. Between January and March, the coastal strip is often subject to abnormally torrential rainfall as a result of tropical cyclones.

The Lebombo Mountains rise above the continental-semiarid lowlands to heights of up to 800 metres, and thus receive more precipitation than the surrounding area when the wind turns to the east, so that they can be classified as subhumid to semihumid (Naamacha Station, No. 24).

The Lowveld, with index values of I = 0.361 (Figtree Station, No. 28) can be classed as semiarid; it lies beyond the borderline of agronomic aridity.

The Middleveld marks the transition from the continental-arid and relatively warm region in the east to the cooler, continental-humid areas in the west of the research area. It is semihumid to subhumid in character. Precipitation increases rapidly with height until the humid to perhumid Great Escarpment is reached.

The Highveld of the south-eastern Transvaal with peaks of over 1,700 metres belongs to the cool continental-humid area of the South African highlands, although in the Bankenveld the definite rain-shadow effect of the Great Escarpment results in local aridity.

The dynamics of climate is mainly concerned with interpreting the hygric features of the research area. The decisive factor is the high-pressure system of the southern hemisphere between 22° and 35° south (*Fig. 2*); its shift in position between January and July plays an outstanding role in the constitution of weather in the map area. During the summer in the southern hemisphere, the South Atlantic high-pressure area is separated from the highpressure area over the Indian Ocean by a powerful trough of low pressure, which has an important function in the dynamics of climate. A further factor is the mighty Mozambique Current: with its surface temperatures of 21°–22° C in July to 25°–26° C in January, it represents a permanent "warm-water heating system" on the eastern side of the subcontinent.

In accordance with E. Vowinckel (1955, 1956), seven weather types are distinguished which determine the degree of humidity or aridity. The dominant winter type is referred to as the "fine weather type" (*Fig. 3.1*). In spring there is a frequent occurrence of "warm weather" with strong bergwinds blowing from the north-west and west. In the same season, "cold weather" (*Fig. 3.2*) can cause subpolar air masses to advance far to the north with resulting snowfall in highland areas. The "monsoon weather" (*Fig. 3.3*) has its origin in a particularly pronounced manifestation of the aforesaid trough of low pressure over Botswana-Namibia. North-easterly winds bring moist tropical air masses into southern Africa, so that heavy summer rains occur. The same phenomenon can be observed in the case of "equatorial weather" (*Fig. 3.4*); in this type of weather, warm moist air masses from central Africa and monsoonal air masses from the Indian Ocean occasion widespread showers throughout the eastern half of southern Africa. It is also referred to more mildly as "showery weather". In late summer and autumn, the "bad weather type" (*Fig. 3.5*) brings persistent rain as a result of the convergence of different air masses on the eastern flank of the trough. *Table 3* provides an overview of the monthly incidence of these weather types.

From the point of view of agricultural meteorology, January aridity is an important phenomenon, which can in particular impair the growth of maize. It occurs as a feature of the monsoon weather type, in the form of a "monsoon pause". *Figure 4* shows the 80 percent probability of certain rainfall totals, thus making it possible to distinguish regions climatically advantaged for agriculture from high-risk regions. The latter are affected particularly seriously by the phenomenon of aridity and drought. *Chapters 4.3.6* and *4.3.7* compare and contrast a dry year and a wet year, both in their cause and their effects.

Fog precipitation is a regional climatic phenomenon of great importance for water economy and forestry. In the fog-belt level, the amount of precipitation can be up to three times the quantity of rainfall measured. A further regional peculiarity of some economic import is the incidence of frost on the Highveld. Table 2 shows the grass minimum temperatures of two selected stations. The distinction between harmful and necessary frost should be noted: the latter meets the winter rest requirements of the fruit trees.

In the review of future research prospects (*Chapter 5*), attention is drawn to urgent desiderata such as the need for calculation of climatological risk on a five-day basis: this could represent an important contribution to regional agricultural planning in south-eastern Africa.

Sumário

Este suplemento oferece as explicações com respeito ao mapa S 5: Geografia Climática da África do Sul — setor de mapas da Sociedade Alemã de Pesquisas. O suplemento dividese em quatro itens temáticos: a definição dos tipos climáticos, a discussão das zonas climáticas da área estudada, a origem dos tipos de clima do Sudoeste da África bem como um momento de dominantes aspectos agrometereológicos. Para a definição dos tipos de clima faz-se primeiramente a diferenciação entre os meses úmidos e áridos, isto é, quanto às estações do ano. Isto porque este aspecto é mais importante desta região intemediária tanto em sua periferia tropical bem como subtropical do que a diferenciação térmica. Para fundamentação da presente apresentação é usado o cálculo da fórmula de Papadakis (1966). Esta fórmula reza: $I = \dfrac{N}{pEt}$ (I = Índice; N = chuvas em mm; pEt = evaporação potencial em mm).

Os valores indicativos foram calculados tendo por base 93 estações no Sudoeste da África (veja a tabela no suplemento). Com base nesta análise são reconhecidos sete tipos climáticos higricos (quanto a umidade medida) com os seguintes valores indicativos:

$$
\begin{aligned}
&> 1{,}20 &&= \text{de per si úmido} \\
&1{,}20{-}0{,}81 &&= \text{úmido} \\
&0{,}80{-}0{,}61 &&= \text{sub-úmido} \\
&0{,}60{-}0{,}46 &&= \text{semi-úmido} \\
&0{,}45{-}0{,}31 &&= \text{semi-árido} \\
&0{,}30{-}0{,}21 &&= \text{sub-árido} \\
&< 0{,}20 &&= \text{árido}
\end{aligned}
$$

Estes tipos são diferenciados por cores e seus diversos tons no mapa climático S 5. Os tons de azul estão para úmido bem como os tons de amarelo para árido.

O limite de seca climática esta em I = 1,0 e o limite de seca agronomica está em I = 0,45. Acrescida a diferenciação higrica seguiu-se uma divisão regional baseada na situação marítima ou melhor continental bem como a altura das diversas zonas montanhasas.

Fig. 1 mostra através de um exemplo de um perfil leste-oeste com 11 (onze) diagramas a mudança climática de merítimo-úmido pelo continental-seco até o continental-úmido, o qual ocorre no caminho da costa do sul de Moçambique através da baixada do Transvaal oeste até o planalto da área oeste do interior continental da África do Sul. A análise detalhada do período anual de temperaturas, das chuvas e da evaporação nos introduz na divisão da área reduzida climageográfica da zona estu dada. As seguintes áreas naturais são caracterizadas climaticamente: a zona costeira, as montanhas Lebombo e seu altiplano, o Veld baixo, o Veld médio, a zona periférica gradual, o alto Veld e o Bankenveld.

A zona costeira, de caráter básico maritimo-úmido, mostra duas distintas manifestações regionais: o clima de Inhambane com caráter de per si úmido e as demais partes da zona costeira com caráter sub-úmido. A zona costeira é atingida frequentemente por uma quantidade pluviométrica anormal entre janeiro e março. Isto se deve a passagem de tempestades tropicais (tufões).

As montanhas Lebombo tem uma altura de até 800 m. de altura da planície continental semi-árida e recebe por esse motivo mais chuvas do que a planície quando os ventos sopram do oeste, de modo que as podemos denominar como sub-até semi-úmido (Estação Naamacha, N° 24). O Veld alto está marcado como semi-árido por ter no índice o valor de I = 0,361 (Estação Figtree N° 28); esta região encontra-se fora da zona agronômica seca.

No Veld médio ocorre a passagem do clima de continental-seco e zona mais quente do Oeste para o continental-úmido e mais fresco na área leste da zona estudada. Este trecho apresenta um caráter semi-úmido até sub-úmido. Com aumento da altura há um forte aumento da quantidade pluviométrica e passa do clima super-úmido para o de per si úmido na região da zona periférica gradual.

O Veld alto do sudoeste Vaal com alturas superiores a 1 700 m. pertence a área continental-úmido-fresco do altiplano sulafricano. Neste ponto é importante mencionar que no Banveld pode ocorrer uma grande aridez local devido a grande influência do vento que atravessa a zona periférica gradual.

O genese climático tem por contúdo acima de tudo a interpretação da caracteristica higrica da região estudada. O elemento básico mais importante é o anticiclone do hemisfério sul entre 22° e 35° sul (*Fig. 2*); sua mudança entre janeiro e julho tem papel preponderante na formação do clima no perímetro do mapa. Durante o verão do hemisfério sul há a separação da influência da região de alta pressão do Atlântico sul da influência da região da alta pressão sobre o Oceano Índico pelo forte corredor da zona de depressão atmosférica, a qual ocupa uma importante função na genese climática. Um outro fator encontra-se no poderoso caudal de Moçambique, que com a temperatura da superfície da água de 21 a 22° C em julho até a temperatura de 25—26° C em janeiro origina uma «calefação à água quente» permanente no lado oeste do subcontinente.

Tendo por apoio a obra de E. VOWINCKEL (1955, 1956) são diferenciados sete tipos de tempos climáticos que são de importância para umidade respectivamente pela aridez: o dominante tipo hibernal é denominado «período de tempo bom» (*Fig. 3.1*).

No início do ano ocorre com frequência «tempo quente», quando sopram fortes ventos das montanhas do nordeste e leste.

Nesta mesma época do ano pode ocorrer «tempo frio» (*Fig. 3.2*), tempo este que permite o avanço de massas subpolares bem para o norte e pode provocar neve em partes do planalto.

O «tempo climático de monção» (*Fig. 3.3*) tem por base uma forte influência do corredor da zona de depressão atmosférica que se encontra sobre Botswana—Namíbia.

Ventos do noroeste transportam massas de ar úmido tropical para o sul da África, de modo que ocorram fortes chuvas de verão.

O mesmo ocorre quando do «tempo climático equatorial» (*Fig. 3.4*) neste as massas atmosféricas quente-úmidas da África central bem como as massas de ar de monções do Oceano Índico trazem em seu bojo aguaceiros na metade oeste da África do Sul.

De forma mais branda pode denominar-se este tipo como «tempo climático de aguaceiro».

No fim do verão e no outono ocorrem durante o «mau tempo climático» chuvas prolangadas como resultado do processo de deslizamento do corredor para o flanco oeste. A *tabela 3* dá uma visão geral da fraquência mensal destes tipos climáticos.

A seca de janeiro representa um importante fenômeno agraclimatlógico, o qual pode influenciar sobremaneira o crescimento do milho.

A seca do tipo climático de monções ocorre como uma «pausa de monções».

A *Fig. 4* mostra uma representação de 80 % das possibilidades de certas quantidades pluviométricas e permite assim a diferenciação agrarclimatológica de zonas positivas das regiões de risico. Justamente as regiões de risico sofrem com a ocorrência de seca e aridez.

Os *capítulos 4.3.6 e 4.3.7* apresentam a situação dos aspectos genéticos de um ano de seca em contraste com um ano de umidade.

A ocorrência de nevoeiro é um fenômeno de alta importância para o setor de água e o setor florestal. No setor de influência do nevoeiro são medidas quantidades pluviométricas que atingem até a um fator de tres vezes da quantidade de chuva medida. Uma outra importante singularidade econômica é a ocorrência de geadas no Veld alto.

A *tabela 2* apresenta as temperaturas do crescimento mínimo do capim de duas regiões escolhidas. É importante observar-se a diferenciação entre o frio depredador e o frio de promoção, este tem por finalidade proporcionar às árvores frutíferas ofrio necessário para sua pausa hibernal.

No panorama (*cap. 5*) há referências quanto a importantes lacunas de pesquisa, entre outros da necessidade dos cálculos de risco do complexo climatológico tendo por base a Pentade (cinco dias), que podem trazer uma contribuição importante para o planejamento agrário regional da Àfrica do Sul.

Anhang

	Lage			Beobachtungsjahre	
Nr. Stationsname	südl. Breite	östl. Länge	Höhe in Metern	Temp.	Niederschlag

(1) CATUANE — südl. Breite 26° 50', östl. Länge 32° 17', Höhe 37, Temp. 30, Niederschlag 30

	I	II	III	IV	V	VI	VII	VIII	IX	X	XI	XII	Jahr
1) N mm	102	88	73	41	30	16	15	13	34	51	75	94	632
2) PET mm	163	157	156	149	143	132	134	141	148	150	155	162	1790
3) N/PET = i	0,626	0,561	0,468	0,275	0,210	0,121	0,112	0,092	0,230	0,340	0,484	0,580	0,353
4) T-max °C	32,6	32,3	31,7	30,3	28,4	26,2	26,3	27,6	29,1	30,2	31,0	32,2	29,8
5) T-min °C	19,7	19,8	18,8	16,7	12,9	9,9	9,7	11,5	13,9	16,3	17,5	19,0	15,5

(2) ZITUNDO — südl. Breite 26° 45', östl. Länge 32° 50', Höhe 71, Temp. 2, Niederschlag 2

	I	II	III	IV	V	VI	VII	VIII	IX	X	XI	XII	Jahr
1)	108	102	65	76	26	43	25	54	15	127	96	91	888
2)	111	115	115	99	103	90	97	102	95	101	101	104	1233
3)	0,973	0,887	0,563	0,768	0,252	0,478	0,876	0,529	0,158	1,257	0,950	0,875	0,720
4)	29,0	29,3	28,3	26,6	25,1	23,2	23,9	25,1	25,3	26,3	27,0	28,1	26,5
5)	19,6	19,8	18,9	17,2	14,8	12,3	12,3	13,6	15,3	16,3	17,7	19,2	16,4

(3) SHEEPMOOR — südl. Breite 26° 43', östl. Länge 30° 16', Höhe 1661, Temp. 17, Niederschlag 26

	I	II	III	IV	V	VI	VII	VIII	IX	X	XI	XII	Jahr
1)	150	119	107	47	24	15	17	12	43	69	140	149	892
2)	105	105	98	99	89	80	78	93	108	111	109	103	1178
3)	1,429	1,133	1,092	0,475	0,270	0,188	0,218	0,129	0,398	0,622	1,284	1,447	0,757
4)	25,3	25,2	24,2	22,7	20,4	17,9	17,6	20,4	23,1	24,7	24,9	25,1	22,6
5)	13,5	13,3	12,7	9,0	5,7	2,5	2,5	4,4	7,6	10,8	11,8	13,4	8,9

Nr.	Stationsname			I	II	III	IV	V	VI	VII	VIII	IX	X	XI	XII	Jahr
(4)	SIPOFANENI	Lage: südl. Breite 26° 41', östl. Länge 31° 41', Höhe in Metern 259	Beobachtungsjahre: Temp. 16, Niederschlag 17													
		1) N mm		99	104	87	61	21	19	21	24	38	56	72	113	714
		2) PET mm		152	151	147	140	138	129	124	140	151	156	150	155	1430
		3) N/PET = i		0,651	0,689	0,592	0,436	0,152	0,147	0,161	0,171	0,252	0,359	0,480	0,729	0,499
		4) T-max °C		32,3	32,0	31,4	29,3	27,3	25,4	24,8	26,9	29,2	30,8	36,1	32,1	29,4
		5) T-min °C		20,3	20,2	19,3	16,1	11,2	8,0	7,8	10,0	13,6	16,8	18,3	19,7	15,1
(5)	NATALIA	Lage: südl. Breite 26° 41', östl. Länge 31° 49', Höhe in Metern 219	Beobachtungsjahre: Temp. 13, Niederschlag 13													
		1)		125	93	101	24	18	4	7	17	33	66	101	98	687
		2)		146	147	138	141	143	133	131	139	150	151	152	147	1718
		3)		0,856	0,633	0,732	0,170	0,126	0,030	0,053	0,122	0,220	0,437	0,664	0,667	0,399
		4)		31,8	31,9	30,8	29,4	27,6	25,6	25,4	27,2	29,1	30,3	30,9	31,4	29,3
		5)		20,3	20,4	19,4	16,0	11,1	7,9	7,6	10,3	13,4	16,2	17,7	19,4	15,0
(6)	AMSTERDAM	Lage: südl. Breite 26° 37', östl. Länge 30° 40', Höhe in Metern 1240	Beobachtungsjahre: Temp. 10, Niederschlag 50													
		1)		139	120	100	45	19	8	11	11	40	93	130	144	860
		2)		97	95	92	91	89	80	80	92	101	97	99	102	1115
		3)		1,433	1,263	1,087	0,455	0,213	0,100	0,138	0,120	0,396	0,959	1,313	1,412	0,771
		4)		24,7	24,4	23,5	22,2	20,6	18,5	18,2	20,6	22,6	23,4	24,1	24,8	22,3
		5)		13,9	13,6	12,4	9,7	6,4	3,4	3,1	5,4	8,1	11,1	12,2	13,1	9,4

Nr.	Stationsname	Lage		Höhe in Metern	Beobachtungsjahre	
		südl. Breite	östl. Länge		Temp.	Niederschlag
(7)	ERMELO	26° 31'	29° 59'	1698	20	47

		I	II	III	IV	V	VI	VII	VIII	IX	X	XI	XII	Jahr
1)	N mm	126	93	83	35	19	8	10	11	28	87	131	124	755
2)	PET mm	112	109	102	100	91	73	75	93	106	117	112	112	1202
3)	N/PET = i	1,125	0,853	0,814	0,350	0,209	0,110	0,133	0,118	0,264	0,744	1,170	1,107	0,628
4)	T-max °C	25,4	24,9	23,7	22,2	19,8	16,4	16,5	19,6	22,4	24,7	24,6	25,2	22,1
5)	T-min °C	12,1	11,7	10,7	7,4	3,8	0,8	0,4	2,8	6,1	9,4	10,4	11,7	7,3

Nr.	Stationsname	südl. Breite	östl. Länge	Höhe in Metern	Temp.	Niederschlag
(8)	MATHAPA	26° 31'	31° 18'	671	16	17

		I	II	III	IV	V	VI	VII	VIII	IX	X	XI	XII	Jahr
1)		174	139	118	67	26	33	25	19	53	72	141	146	1013
2)		112	118	111	105	103	99	93	102	124	125	113	118	1323
3)		1,554	1,178	1,063	0,638	0,252	0,333	0,269	0,186	0,427	0,576	1,248	1,237	0,766
4)		27,8	28,1	27,0	25,6	23,5	22,2	21,5	23,1	25,9	27,2	27,0	28,0	25,6
5)		17,3	17,0	16,1	14,1	9,9	7,5	7,4	9,1	11,0	13,9	15,6	16,8	12,7

Nr.	Stationsname	südl. Breite	östl. Länge	Höhe in Metern	Temp.	Niederschlag
(9)	MANZINI	26° 29'	31° 23'	599	45	57

		I	II	III	IV	V	VI	VII	VIII	IX	X	XI	XII	Jahr
1)		163	132	113	55	26	15	15	19	43	76	118	136	911
2)		114	116	114	112	108	106	100	113	127	127	121	121	1379
3)		1,430	1,138	0,991	0,491	0,241	0,142	0,150	0,168	0,339	0,598	0,975	1,124	0,661
4)		28,3	28,4	27,7	26,3	24,3	22,9	22,4	24,3	26,4	27,5	27,8	28,5	26,2
5)		18,0	17,9	17,0	14,4	10,7	7,5	7,9	9,4	11,6	14,2	15,7	17,2	13,4

Nr. Stationsname			I	II	III	IV	V	VI	VII	VIII	IX	X	XI	XII	Jahr
(10) MUSHROOM	Lage: südl. Breite 26° 27', östl. Länge 31° 03', Höhe in Metern 1204	Beobachtungsjahre: Temp. 17, Niederschlag 17													
	1) N mm		219	175	127	53	40	29	26	18	56	92	158	177	1170
	2) PET mm		93	92	88	89	85	82	80	91	99	94	95	96	1084
	3) N/PET = i		2,355	1,902	1,443	0,596	0,471	0,354	0,325	0,198	0,566	0,979	1,663	1,844	1,079
	4) T-max °C		24,5	24,2	23,4	22,5	20,7	19,2	18,8	29,8	22,5	23,3	23,9	24,6	22,4
	5) T-min °C		14,3	13,9	13,0	10,8	7,8	5,3	4,7	6,3	8,5	11,6	12,6	13,8	10,2
(11) STEGI	Lage: südl. Breite 26° 27', östl. Länge 31° 57', Höhe in Metern 653	Beobachtungsjahre: Temp. 14, Niederschlag 58													
	1)		139	127	117	58	28	17	16	18	43	73	103	126	865
	2)		108	106	95	94	88	80	79	92	102	114	109	109	1176
	3)		1,287	1,198	1,232	0,617	0,318	0,213	0,203	0,196	0,422	0,640	0,945	1,560	0,736
	4)		27,1	27,1	25,8	25,1	23,3	21,2	20,9	23,0	24,3	25,7	26,2	26,9	24,7
	5)		16,7	17,1	16,3	18,1	12,7	10,4	9,9	11,3	11,8	13,6	14,7	16,1	13,8
(12) TINONGANINE	Lage: südl. Breite 26° 25', östl. Länge 32° 39', Höhe in Metern 50	Beobachtungsjahre: Temp. 6, Niederschlag 6													
	1)		114	143	66	39	27	22	25	17	45	57	71	123	749
	2)		122	128	128	120	119	110	108	114	112	115	117	124	1417
	3)		0,934	1,117	0,516	0,325	0,227	0,200	0,231	0,149	0,402	0,496	0,607	0,992	0,529
	4)		30,4	31,0	30,5	29,1	27,5	25,5	25,2	26,2	26,9	28,2	29,2	30,3	28,3
	5)		20,8	21,2	20,3	18,6	15,6	13,0	12,7	13,9	15,6	17,6	19,3	20,2	17,4

Lage: südl. Breite — östl. Länge — Höhe in Metern
Beobachtungsjahre: Temp. — Niederschlag

(13) BELA VISTA — südl. Breite 26° 20', östl. Länge 32° 41', Höhe in Metern 15, Temp. 30, Niederschlag 30

	I	II	III	IV	V	VI	VII	VIII	IX	X	XI	XII	Jahr
1) N mm	126	114	78	34	21	22	16	15	26	49	86	105	692
2) PET mm	129	126	124	118	112	105	104	106	114	115	124	133	1410
3) N/PET = i	0,977	0,905	0,630	0,288	0,188	0,210	0,154	0,142	0,228	0,426	0,694	0,789	0,491
4) T-max °C	30,8	30,6	29,8	28,8	26,8	24,9	24,6	25,4	26,8	28,2	29,3	30,6	28,0
5) T-min °C	20,6	20,6	19,4	18,4	15,2	12,5	12,1	13,4	15,0	17,4	18,6	19,7	16,9

(14) CHANGALANE (Moç) — südl. Breite 26° 18', östl. Länge 32° 11', Höhe in Metern 100, Temp. 2, Niederschlag 2

	I	II	III	IV	V	VI	VII	VIII	IX	X	XI	XII	Jahr
1)	60	83	57	37	13	28	49	24	28	57	60	54	550
2)	131	149	139	130	130	105	109	136	145	129	123	151	1577
3)	0,458	0,557	0,410	0,285	0,100	0,267	0,450	0,176	0,193	0,442	0,488	0,358	0,349
4)	31,0	32,5	30,8	29,0	27,8	24,6	25,1	28,0	29,7	29,0	29,6	32,3	29,1
5)	20,8	21,4	19,8	17,0	14,2	12,0	12,2	13,4	15,7	17,0	19,2	20,6	16,1

(15) GOBA FRONTEIRA — südl. Breite 26° 15', östl. Länge 32° 06', Höhe in Metern 418, Temp. 6, Niederschlag 6

	I	II	III	IV	V	VI	VII	VIII	IX	X	XI	XII	Jahr
1)	127	156	91	85	42	16	22	10	54	75	108	130	916
2)	112	110	106	98	87	87	87	102	103	106	112	110	1220
3)	1,134	1,418	0,858	0,867	0,483	0,184	0,253	0,098	0,524	0,708	0,964	1,182	0,751
4)	28,9	28,9	28,3	26,8	25,5	23,4	23,4	25,2	25,8	26,8	28,0	28,5	26,6
5)	19,4	19,8	19,1	17,7	15,4	13,2	13,2	13,7	14,8	16,3	17,8	18,9	16,6

Nr.   Stationsname

Nr. Stationsname	Lage südl. Breite	Lage östl. Länge	Höhe in Metern	Beob. Temp.	Beob. Niederschlag		I	II	III	IV	V	VI	VII	VIII	IX	X	XI	XII	Jahr
(16) JESSIVALE	26° 14'	30° 31'	1733	43	53	1) N mm	156	121	101	43	24	10	13	15	39	92	134	159	907
						2) PET mm	87	86	81	81	74	64	65	78	87	91	87	87	968
						3) N/PET = i	1,793	1,407	1,847	0,531	0,324	0,156	0,200	0,192	0,449	1,011	1,540	1,828	0,937
						4) T-max °C	22,9	22,6	21,6	20,2	17,9	15,8	15,3	18,0	20,3	21,9	21,9	22,6	20,1
						5) T-min °C	12,1	11,9	10,9	7,9	4,9	2,4	1,6	3,4	6,3	9,2	10,2	11,6	7,7
(17) CROYDON FARM	26° 12'	31° 34'	357	13	16	1)	150	139	85	49	18	4	9	17	26	81	100	123	801
						2)	175	174	166	165	161	150	143	156	163	170	173	172	1968
						3)	0,857	0,799	0,512	0,297	0,112	0,027	0,063	0,109	0,160	0,476	0,578	0,715	0,407
						4)	33,1	33,1	31,9	30,2	28,2	26,3	25,6	27,7	25,7	31,2	32,2	32,7	30,2
						5)	19,1	19,2	17,6	13,6	8,5	5,2	4,9	8,5	12,4	15,4	17,2	18,5	13,3
(18) CHANGALANE (Swaziland)	26° 12'	32° 07'	152	4	7	1)	130	88	78	33	15	7	20	7	22	52	47	97	596
						2)	159	156	144	137	131	127	128	138	140	154	158	162	1734
						3)	0,818	0,564	0,542	0,241	0,115	0,055	0,156	0,051	0,157	0,338	0,297	0,599	0,344
						4)	32,9	32,5	31,4	29,6	27,5	26,0	25,8	27,4	29,0	30,8	31,8	32,6	29,8
						5)	20,7	20,6	19,9	17,2	13,4	10,4	9,7	11,9	15,1	17,0	18,7	19,9	16,2

Nr. Stationsname		I	II	III	IV	V	VI	VII	VIII	IX	X	XI	XII	Jahr
(19) STEYNSDORP														
südl. Breite 26° 08'														
östl. Länge 30° 59'														
Höhe in Metern 914														
Temp. 14 — Niederschlag 48														
	1) N mm	119	94	77	35	20	8	8	8	31	61	111	118	690
	2) PET mm	136	132	125	127	121	109	111	127	134	136	128	129	1515
	3) N/PET = i	0,875	0,712	0,616	0,276	0,165	0,073	0,072	0,063	0,231	0,449	0,867	0,915	0,455
	4) T-max °C	29,7	29,1	28,2	26,8	24,7	22,3	22,4	24,7	26,7	28,2	28,1	28,8	26,7
	5) T-min °C	17,3	16,6	15,9	12,4	8,4	4,7	4,4	6,8	10,6	14,0	15,3	16,6	11,9
(20) CAROLINA														
südl. Breite 26° 04'														
östl. Länge 30° 07'														
Höhe in Metern 1701														
Temp. 44 — Niederschlag 51														
	1)	129	86	82	47	19	6	9	11	28	78	131	128	754
	2)	109	107	101	100	90	81	77	97	105	112	105	108	1191
	3)	1,183	0,804	0,812	0,470	0,211	0,094	0,117	0,113	0,267	0,696	1,248	1,185	0,633
	4)	25,2	24,7	23,8	22,1	19,6	17,2	16,7	19,9	22,1	24,9	24,0	24,9	22,0
	5)	12,4	11,9	11,4	7,2	3,3	-0,2	-0,3	2,0	5,7	9,4	10,7	12,0	7,1
(21) BALEGANE														
südl. Breite 26° 04'														
östl. Länge 31° 33'														
Höhe in Metern 335														
Temp. 4 — Niederschlag 32														
	1)	135	104	92	56	19	12	15	6	37	49	109	123	757
	2)	141	143	144	149	149	139	142	155	163	154	146	146	1771
	3)	0,957	0,727	0,639	0,376	0,128	0,086	0,106	0,039	0,227	0,318	0,747	0,842	0,427
	4)	30,9	31,1	30,7	29,1	27,6	25,7	25,8	27,5	29,1	29,7	30,1	30,8	29,0
	5)	19,3	19,3	18,2	13,6	9,7	6,4	6,0	7,8	10,6	14,3	16,7	18,3	13,3

(22) UMBELUZI — Lage: südl. Breite 26° 03', östl. Länge 32° 23', Höhe in Metern 12 — Beobachtungsjahre: Temp. 30, Niederschlag 30

	I	II	III	IV	V	VI	VII	VIII	IX	X	XI	XII	Jahr
1) N mm	123	115	104	48	18	17	14	6	30	49	82	109	715
2) PET mm	146	147	140	145	145	139	140	145	145	148	144	152	1736
3) N/PET = i	0,842	0,782	0,743	0,331	0,124	0,122	0,100	0,041	0,207	0,331	0,570	0,717	0,412
4) T-max °C	32,1	32,1	31,0	30,1	28,4	26,6	26,6	28,0	29,0	30,4	30,8	32,0	29,8
5) T-min °C	20,9	20,8	19,5	16,9	12,5	9,1	9,0	11,3	14,2	17,0	18,6	20,1	15,8

(23) INHACA — Lage: südl. Breite 26° 02', östl. Länge 32° 56', Höhe in Metern 27 — Beobachtungsjahre: Temp. 5, Niederschlag 5

	I	II	III	IV	V	VI	VII	VIII	IX	X	XI	XII	Jahr
1)	133	144	89	76	64	30	57	20	59	54	76	86	888
2)	106	102	102	93	88	79	78	87	87	88	99	106	1115
3)	1,255	1,412	0,873	0,817	0,727	0,380	0,730	0,230	0,678	0,614	0,768	0,811	0,796
4)	29,7	29,8	29,2	27,7	25,9	23,9	23,6	24,9	25,3	26,4	28,2	29,3	27,0
5)	21,6	22,3	21,3	20,0	17,8	15,6	15,3	16,0	16,8	18,7	20,0	21,0	18,9

(24) NAMAACHA — Lage: südl. Breite 25° 59', östl. Länge 32° 01', Höhe in Metern 523 — Beobachtungsjahre: Temp. 30, Niederschlag 30

	I	II	III	IV	V	VI	VII	VIII	IX	X	XI	XII	Jahr
1)	142	161	151	58	33	22	21	16	47	65	123	117	956
2)	132	133	122	115	108	98	95	105	113	125	127	137	1410
3)	1,076	1,211	1,238	0,504	0,306	0,224	0,221	0,152	0,416	0,520	0,969	0,854	0,678
4)	29,3	29,5	28,4	27,2	25,5	23,9	23,5	24,9	26,0	27,7	28,2	29,4	27,0
5)	17,4	17,5	16,9	15,6	13,5	12,0	11,7	12,5	13,3	14,8	15,6	16,6	14,8

Nr. Stationsname | Lage: südl. Breite | östl. Länge | Höhe in Metern | Beobachtungsjahre: Temp. | Niederschlag

(25) PIGG'S PEAK — südl. Breite 25° 58' — östl. Länge 31° 15' — Höhe 1012 — Temp. 46 — Niederschlag 52

	I	II	III	IV	V	VI	VII	VIII	IX	X	XI	XII	Jahr
1) N mm	204	210	173	70	32	19	20	24	50	98	153	170	1223
2) PET mm	100	100	88	91	91	88	88	96	107	107	107	103	1166
3) N/PET = i	2,040	2,100	1,966	0,769	0,352	0,216	0,227	0,250	0,467	0,916	1,430	1,650	1,049
4) T-max °C	25,8	25,7	24,4	23,4	22,1	20,7	20,2	21,9	23,9	25,0	25,6	25,8	23,1
5) T-min °C	15,7	15,4	14,9	12,4	9,6	7,0	6,4	7,9	9,8	12,4	13,7	14,8	11,7

(26) MAPUTO — südl. Breite 25° 58' — östl. Länge 32° 36' — Höhe 59 — Temp. 30 — Niederschlag 30

	I	II	III	IV	V	VI	VII	VIII	IX	X	XI	XII	Jahr
1) N mm	130	107	134	55	22	23	12	9	28	41	93	101	755
2) PET mm	114	115	112	111	107	100	99	103	105	107	108	114	1295
3) N/PET = i	1,140	0,930	1,196	0,505	0,206	0,230	0,121	0,087	0,267	0,383	0,861	0,886	0,583
4) T-max °C	30,2	30,4	29,6	28,6	26,7	24,9	24,6	25,6	26,7	27,7	28,6	29,8	27,8
5) T-min °C	21,5	21,7	20,8	18,8	15,9	13,6	13,2	14,5	16,2	18,1	19,5	20,8	17,9

(27) MAVALANE — südl. Breite 25° 55' — östl. Länge 32° 34' — Höhe 37 — Temp. 5 — Niederschlag 5

	I	II	III	IV	V	VI	VII	VIII	IX	X	XI	XII	Jahr
1) N mm	116	143	49	51	22	14	23	22	58	36	43	174	751
2) PET mm	125	128	124	130	136	108	114	123	112	119	124	122	1465
3) N/PET = i	0,928	1,117	0,395	0,392	0,162	0,130	0,202	0,179	0,518	0,303	0,347	1,426	0,513
4) T-max °C	30,9	31,3	30,7	29,9	28,7	26,2	25,7	27,1	27,3	28,8	30,1	30,4	28,9
5) T-min °C	21,4	21,7	21,0	19,0	15,2	12,9	12,5	14,0	16,2	18,3	20,0	20,8	17,7

Nr. Stationsname		südl. Breite	östl. Länge	Höhe in Metern	Temp.	Niederschlag	I	II	III	IV	V	VI	VII	VIII	IX	X	XI	XII	Jahr
		Lage			Beobachtungsjahre														
(28) FIGTREE		25° 49'	31° 50'	246	3	38													
	1) N mm						109	100	91	46	16	11	13	6	29	43	89	98	651
	2) PET mm						162	160	146	149	149	136	126	136	152	164	163	158	1801
	3) N/PET = i						0,673	0,625	0,623	0,309	0,107	0,031	0,103	0,044	0,191	0,262	0,546	0,620	0,361
	4) T-max °C						32,5	32,2	30,9	29,6	27,9	25,7	24,9	26,8	29,1	31,1	31,7	31,9	29,6
	5) T-min °C						19,6	19,2	18,6	14,9	10,3	7,3	7,6	10,3	13,1	16,0	17,8	19,0	14,4
(29) BARBERTON		25° 47'	31° 03'	852	21	54													
	1)						142	116	97	49	23	8	9	11	27	61	77	85	777
	2)						113	113	107	108	101	92	92	101	111	110	110	115	1273
	3)						1,257	1,027	0,907	0,454	0,228	0,087	0,098	0,109	0,243	0,555	0,700	0,739	0,610
	4)						28,1	28,1	27,2	26,4	24,3	22,4	22,3	24,0	25,8	26,8	27,1	28,1	25,9
	5)						17,9	17,9	17,1	15,3	12,3	9,9	9,8	11,5	13,5	15,7	16,3	17,5	14,6
(30) VILA LOUISA		25° 44'	32° 41'	26	30	30													
	1)						133	115	129	66	30	28	16	18	33	44	93	95	800
	2)						135	125	120	130	125	115	112	119	122	128	138	136	1505
	3)						0,985	0,920	1,075	0,508	0,240	0,243	0,143	0,151	0,270	0,344	0,674	0,699	0,532
	4)						31,4	31,0	30,2	29,9	28,2	26,2	25,8	26,8	27,8	29,1	30,7	21,4	29,0
	5)						21,1	21,4	20,8	18,9	15,9	13,6	13,3	14,0	15,6	17,5	19,2	20,9	17,7

(31) BELFAST — Lage: südl. Breite 25° 40', östl. Länge 30° 01'; Höhe in Metern 1870; Beobachtungsjahre: Niederschlag 46, Temp. 20

	I	II	III	IV	V	VI	VII	VIII	IX	X	XI	XII	Jahr
1) N mm	145	110	100	49	22	8	9	10	31	78	129	128	819
2) PET mm	89	88	87	86	82	71	71	86	100	101	95	96	1052
3) N/PET = i	1,630	1,250	1,149	0,570	0,268	0,113	0,127	0,116	0,310	0,772	1,358	1,333	0,779
4) T-max °C	22,4	22,2	21,2	20,0	17,6	15,2	15,3	18,0	20,8	22,3	22,1	22,9	20,0
5) T-min °C	10,8	10,5	9,0	5,4	1,1	-2,1	-2,0	0,1	3,5	7,2	8,7	10,1	5,2

(32) WATERVAL BOWEN — Lage: südl. Breite 25° 38', östl. Länge 30° 20'; Höhe in Metern 1430; Beobachtungsjahre: Niederschlag 50, Temp. 47

	I	II	III	IV	V	VI	VII	VIII	IX	X	XI	XII	Jahr
1)	138	114	91	45	19	8	8	10	29	76	126	144	808
2)	115	109	106	112	108	97	95	112	120	128	116	117	1335
3)	1,200	1,046	0,858	0,402	0,176	0,082	0,084	0,089	0,242	0,594	1,086	1,231	0,605
4)	26,6	25,8	25,2	24,2	22,1	19,8	19,3	22,2	24,2	26,2	25,9	26,4	24,0
5)	14,4	13,7	12,9	9,3	4,8	1,4	0,8	3,4	7,4	10,9	12,5	13,6	8,8

(33) MOAMBA — Lage: südl. Breite 25° 36', östl. Länge 32° 14'; Höhe in Metern 110; Beobachtungsjahre: Niederschlag 30, Temp. 30

	I	II	III	IV	V	VI	VII	VIII	IX	X	XI	XII	Jahr
1)	124	101	72	50	16	12	8	6	27	39	90	87	632
2)	176	162	154	151	144	136	133	145	157	170	164	180	1872
3)	0,705	0,623	0,468	0,331	0,111	0,088	0,060	0,041	0,172	0,229	0,549	0,483	0,338
4)	33,8	33,1	32,3	31,0	28,8	26,9	26,6	28,4	30,3	32,0	32,2	33,7	30,8
5)	20,6	20,8	20,3	18,1	14,0	11,0	10,6	12,5	15,3	17,4	18,7	19,8	16,6

Nr. Stationsname	Lage		Höhe in Metern	Beobachtungsjahre	
	südl. Breite	östl. Länge		Temp.	Niederschlag
(34) BOULDERS	25° 34'	31° 18'	427	13	8
(35) BERLIN	25° 33'	30° 44'	1341	21	36
(36) KAAPMUIDEN	25° 32'	31° 20'	357	19	37

(34) BOULDERS

	I	II	III	IV	V	VI	VII	VIII	IX	X	XI	XII	Jahr
1) N mm	114	146	93	56	11	14	11	10	24	55	130	147	811
2) PET mm	147	143	142	146	145	132	128	138	152	151	144	146	1714
3) N/PET = i	0,776	1,021	0,655	0,384	0,076	0,106	0,086	0,072	0,158	0,364	0,903	1,007	0,473
4) T-max °C	31,4	31,0	30,2	29,1	27,1	25,2	24,7	26,5	28,8	30,0	30,1	30,9	28,7
5) T-min °C	19,3	19,2	17,6	14,2	9,2	6,6	6,3	9,1	12,4	15,7	17,1	18,7	13,8

(35) BERLIN

	I	II	III	IV	V	VI	VII	VIII	IX	X	XI	XII	Jahr
1)	173	176	130	57	28	13	19	17	45	87	149	170	1064
2)	84	80	79	78	79	77	68	81	88	88	84	86	972
3)	2,060	2,200	1,646	0,731	0,354	0,169	0,279	0,210	0,511	0,989	1,774	1,977	1,095
4)	22,9	22,6	22,3	21,0	19,7	18,2	16,8	19,2	21,0	21,9	22,2	22,8	20,9
5)	12,8	13,1	12,5	10,3	7,6	4,6	4,1	5,9	7,9	10,0	11,3	12,3	9,4

(36) KAAPMUIDEN

	I	II	III	IV	V	VI	VII	VIII	IX	X	XI	XII	Jahr
1)	114	119	85	39	20	7	8	6	22	49	94	106	669
2)	149	151	140	142	142	132	130	142	148	155	146	152	1729
3)	0,765	0,788	0,607	0,275	0,141	0,053	0,062	0,042	0,149	0,316	0,644	0,697	0,387
4)	31,9	31,7	30,7	29,2	27,4	25,6	25,4	27,2	28,8	30,6	30,7	31,8	29,2
5)	20,1	19,5	18,9	15,4	11,0	8,2	7,8	10,2	13,2	16,3	18,1	19,4	14,8

(37) NELSPRNIT

Lage: südl. Breite 25° 27', östl. Länge 30° 58', Höhe in Metern 665
Beobachtungsjahre: Temp. 18, Niederschlag 48

	I	II	III	IV	V	VI	VII	VIII	IX	X	XI	XII	Jahr
1) N mm	132	125	106	48	19	10	10	11	29	60	108	130	788
2) PET mm	117	118	115	119	119	113	112	119	130	126	121	122	1431
3) N/PET = i	1,128	1,059	0,922	0,403	0,160	0,088	0,089	0,092	0,223	0,476	0,893	1,066	0,551
4) T-max °C	28,8	28,9	28,1	27,0	25,2	23,4	23,2	24,8	26,8	27,7	28,1	28,8	26,7
5) T-min °C	18,6	18,6	17,5	14,6	10,3	7,0	6,8	9,2	16,8	14,8	16,5	17,9	13,6

(38) THANKERTON

Lage: südl. Breite 25° 27', östl. Länge 31° 39', Höhe in Metern 259
Beobachtungsjahre: Temp. 18, Niederschlag 6

	I	II	III	IV	V	VI	VII	VIII	IX	X	XI	XII	Jahr
1) N mm	75	112	97	25	14	1	30	2	19	42	67	88	572
2) PET mm	140	132	127	125	122	118	117	126	132	146	140	142	1567
3) N/PET = i	0,536	0,848	0,764	0,200	0,115	0,008	0,256	0,016	0,144	0,288	0,479	0,620	0,365
4) T-max °C	31,1	30,7	29,6	28,2	26,3	24,7	24,6	26,3	28,0	29,9	30,1	31,1	28,4
5) T-min °C	19,8	19,9	18,7	16,1	12,4	9,2	9,2	11,6	14,3	16,2	17,7	19,4	15,3

(39) KOMATIPOORT

Lage: südl. Breite 25° 26', östl. Länge 31° 57', Höhe in Metern 140
Beobachtungsjahre: Temp. 17, Niederschlag 50

	I	II	III	IV	V	VI	VII	VIII	IX	X	XI	XII	Jahr
1) N mm	127	110	108	41	19	7	10	9	24	46	86	90	676
2) PET mm	158	149	146	154	154	141	139	150	158	167	158	159	1833
3) N/PET = i	0,804	0,738	0,740	0,266	0,123	0,050	0,072	0,060	0,152	0,275	0,544	0,566	0,369
4) T-max °C	32,9	32,3	31,5	30,7	28,7	26,4	26,4	28,3	29,9	31,7	31,8	33,4	30,3
5) T-min °C	20,9	20,9	19,8	16,8	11,7	8,2	8,6	11,3	14,3	17,0	18,7	21,7	15,8

Nr.	Stationsname		Lage		Höhe	Beobachtungsjahre	
			südl. Breite	östl. Länge	in Metern	Temp.	Niederschlag

(40) RESSANO GARCIA — südl. Breite 25° 26', östl. Länge 32° 00', Höhe in Metern 130, Temp. 4, Niederschlag 4

	I	II	III	IV	V	VI	VII	VIII	IX	X	XI	XII	Jahr
1) N mm	77	78	59	44	24	7	14	18	44	37	53	107	562
2) PET mm	162	154	165	160	154	139	130	141	145	156	164	154	1824
3) N/PET = i	0,475	0,506	0,358	0,275	0,156	0,050	0,108	0,128	0,303	0,237	0,328	0,695	0,308
4) T-max °C	33,1	32,5	32,5	31,1	29,8	27,2	26,8	28,1	29,6	31,2	32,7	32,0	30,6
5) T-min °C	20,8	20,8	14,3	18,0	14,5	10,8	11,8	12,8	15,7	17,8	19,6	19,6	16,8

(41) MANHIÇA — südl. Breite 25° 24', östl. Länge 32° 48', Höhe in Metern 35, Temp. 30, Niederschlag 30

	I	II	III	IV	V	VI	VII	VIII	IX	X	XI	XII	Jahr
1)	120	139	121	63	32	40	30	24	38	53	108	105	873
2)	148	140	134	136	126	115	109	122	134	146	144	154	1608
3)	0,811	0,993	0,903	0,463	0,254	0,348	0,275	0,197	0,284	0,363	0,750	0,682	0,543
4)	31,8	31,1	30,4	29,8	27,8	25,8	25,3	26,8	28,5	30,2	30,7	31,8	29,2
5)	20,1	19,8	19,3	17,6	15,8	12,7	12,6	13,4	15,0	17,0	18,3	19,3	16,7

(42) WHITE RIVER — südl. Breite 26° 19', östl. Länge 31° 03', Höhe in Metern 911, Temp. 37, Niederschlag 33

	I	II	III	IV	V	VI	VII	VIII	IX	X	XI	XII	Jahr
1)	176	153	123	51	23	11	16	11	34	70	118	136	922
2)	108	114	108	104	107	101	96	106	112	115	110	109	1290
3)	1,630	1,342	1,139	0,490	0,215	0,109	0,167	0,104	0,304	0,609	1,073	1,248	0,715
4)	27,7	27,8	26,8	25,3	23,7	22,1	21,4	23,3	24,9	26,3	26,6	27,2	25,3
5)	17,2	17,0	16,0	13,6	9,4	6,8	6,4	8,6	11,1	13,7	15,4	16,6	12,7

Nr. Stationsname	Lage		Höhe in Metern	Beobachtungsjahre	
	südl. Breite	östl. Länge		Temp.	Niederschlag

(43) SÁBIÊ (Moc.) — südl. Breite 25° 19' östl. Länge 32° 14' Höhe 80 Temp. 9 Niederschlag 8

	I	II	III	IV	V	VI	VII	VIII	IX	X	XI	XII	Jahr
1) N mm	71	76	57	50	31	12	11	5	24	29	79	131	576
2) PET mm	156	152	158	158	141	128	130	142	152	152	142	148	1759
3) N/PET = i	0,455	0,500	0,361	0,316	0,220	0,094	0,085	0,035	0,158	0,191	0,558	0,885	0,327
4) T-max °C	32,7	32,2	32,0	31,1	28,4	26,1	26,0	28,0	29,8	30,7	30,4	31,6	29,9
5) T-min °C	20,8	20,3	19,1	17,1	13,4	10,4	9,6	12,1	14,8	17,0	18,1	19,1	16,0

(44) SAO MARTINHO DO BILENE — südl. Breite 25° 17' östl. Länge 33° 15' Höhe 20 Temp. 6 Niederschlag 7

	I	II	III	IV	V	VI	VII	VIII	IX	X	XI	XII	Jahr
1)	78	138	146	105	50	81	22	53	50	77	94	136	1030
2)	90	97	100	97	97	84	84	95	107	107	97	110	1165
3)	0,867	1,423	1,460	1,082	0,515	0,964	0,262	0,558	0,467	0,720	0,969	1,236	0,884
4)	28,8	29,5	29,3	28,0	26,2	24,2	24,2	25,9	27,4	28,3	28,4	30,1	27,5
5)	22,2	22,4	21,8	19,8	16,9	15,3	15,2	16,5	17,6	19,0	20,5	21,8	19,1

(45) WITKLIP — südl. Breite 25° 13' östl. Länge 30° 53' Höhe 1148 Temp. 3 Niederschlag 39

	I	II	III	IV	V	VI	VII	VIII	IX	X	XI	XII	Jahr
1)	198	183	129	81	31	19	17	18	50	87	164	199	1176
2)	92	83	84	88	82	83	87	92	101	95	93	94	1074
3)	2,152	2,205	1,536	0,920	0,378	0,229	0,195	0,196	0,495	0,916	1,763	2,117	1,095
4)	24,8	24,2	23,6	22,8	20,9	19,8	20,1	21,2	23,4	23,6	24,3	25,0	22,8
5)	15,0	15,5	14,2	16,7	9,1	6,5	6,1	7,3	10,1	11,9	13,8	14,8	11,3

Nr. Stationsname		I	II	III	IV	V	VI	VII	VIII	IX	X	XI	XII	Jahr

Lage: südl. Breite, östl. Länge, Höhe in Metern — **Beobachtungsjahre:** Temp., Niederschlag

(46) SABIE (Tvl) — südl. Breite 25° 07′, östl. Länge 30° 47′, Höhe in Metern 1128, Temp. 15, Niederschlag 52

	I	II	III	IV	V	VI	VII	VIII	IX	X	XI	XII	Jahr
1) N mm	207	174	161	67	24	11	18	18	39	74	155	188	1136
2) PET mm	107	102	97	103	104	99	99	105	116	117	108	109	1266
3) N/PET = i	1,935	1,706	1,660	0,650	0,231	0,111	0,182	0,171	0,336	0,632	1,435	1,725	0,897
4) T-max °C	26,5	25,9	24,9	24,1	22,3	20,8	20,7	22,0	24,4	25,8	25,7	26,3	24,1
5) T-min °C	15,9	15,3	14,3	11,1	6,4	3,6	3,4	5,6	8,9	12,2	13,8	15,0	10,4

(47) LYDENBURG — südl. Breite 25° 06′, östl. Länge 30° 47′, Höhe in Metern 1402, Temp. 11, Niederschlag 57

	I	II	III	IV	V	VI	VII	VIII	IX	X	XI	XII	Jahr
1)	118	91	70	41	15	4	7	6	20	59	100	117	648
2)	129	125	117	114	111	97	93	109	127	135	128	127	1412
3)	0,915	0,728	0,598	0,360	0,135	0,041	0,075	0,055	0,157	0,437	0,781	0,921	0,459
4)	27,5	27,0	26,0	24,4	22,4	19,9	19,2	21,7	24,9	26,8	26,9	27,2	24,5
5)	13,8	13,4	12,5	9,4	4,4	1,8	1,4	3,8	7,2	10,6	12,6	13,3	8,7

(48) BERGVLIET — südl. Breite 25° 04′, östl. Länge 30° 51′, Höhe in Metern 981, Temp. 17, Niederschlag 27

	I	II	III	IV	V	VI	VII	VIII	IX	X	XI	XII	Jahr
1)	207	232	160	86	30	14	21	23	54	76	167	233	1303
2)	104	93	91	88	87	87	84	95	104	110	102	106	1151
3)	1,990	2,495	1,758	0,977	0,345	0,161	0,250	0,242	0,519	0,691	1,637	2,198	1,132
4)	26,6	25,8	25,1	24,0	22,6	21,3	20,7	22,6	24,4	25,8	25,7	26,4	24,3
5)	16,4	16,6	15,7	14,3	11,6	8,6	8,0	9,6	11,8	13,6	14,9	15,6	13,1

Nr. Stationsname		I	II	III	IV	V	VI	VII	VIII	IX	X	XI	XII	Jahr
Lage: südl. Breite	östl. Länge	Höhe in Metern	Beobachtungsjahre: Temp.	Niederschlag										
(49) TWEEFONTEIN — südl. Breite 25° 03' — östl. Länge 30° 47' — Höhe in Metern 1152 — Temp. 20 — Niederschlag 29														
1) N mm		229	227	155	82	27	18	22	17	46	79	169	226	1297
2) PET mm		98	92	93	96	101	96	92	102	110	104	106	102	1192
3) N/PET = i		2,337	2,467	1,667	0,854	0,267	0,188	0,239	0,167	0,418	0,760	1,594	2,216	1,038
4) T-max °C		25,4	24,8	24,3	23,3	22,3	20,8	20,3	22,1	24,0	25,4	25,2	25,4	23,6
5) T-min °C		14,8	14,9	13,7	11,1	7,3	4,8	4,7	6,4	9,4	11,7	13,1	14,1	10,5
(50) EMMETT — südl. Breite 25° 03' — östl. Länge 31° 02' — Höhe in Metern 610 — Temp. 7 — Niederschlag 8														
1)		177	154	135	74	21	10	19	7	30	72	163	180	1042
2)		114	116	109	107	102	93	93	104	116	127	120	115	1316
3)		1,553	1,328	1,231	0,692	0,206	0,108	0,204	0,067	0,259	0,567	1,358	1,565	0,792
4)		28,1	28,1	27,2	25,8	24,2	22,4	22,1	23,9	25,7	27,5	27,6	27,8	25,8
5)		17,6	17,4	16,6	14,3	11,7	9,6	9,1	10,6	12,3	14,3	15,5	16,9	13,8
(51) MACIA — südl. Breite 25° 02' — östl. Länge 33° 06' — Höhe in Metern 56 — Temp. 29 — Niederschlag 30														
1)		128	165	158	59	45	46	29	29	40	44	87	111	941
2)		158	146	141	143	133	117	117	133	145	162	166	164	1725
3)		0,810	1,130	1,121	0,413	0,338	0,393	0,248	0,219	0,276	0,272	0,524	0,677	0,546
4)		32,1	31,5	30,6	29,8	27,7	25,4	25,3	27,0	28,8	31,1	31,8	32,0	29,4
5)		19,1	19,6	18,5	16,5	13,4	16,0	10,8	11,9	13,9	16,4	17,5	18,4	15,6

Lage: südl. Breite / östl. Länge — **Höhe in Metern** — **Beobachtungsjahre:** Temp. / Niederschlag

(52) VILA DE JOÃO BELO

Lage: südl. Breite 25° 02', östl. Länge 33° 38' — Höhe in Metern: 4 — Beobachtungsjahre: Temp. 13, Niederschlag 13

	I	II	III	IV	V	VI	VII	VIII	IX	X	XI	XII	Jahr
1) N mm	116	179	86	89	55	59	35	41	35	55	95	124	969
2) PET mm	128	126	128	129	123	113	116	123	126	119	132	134	1497
3) N/PET = i	0,906	1,421	0,672	0,690	0,447	0,522	0,302	0,333	0,278	0,462	0,720	0,925	0,647
4) T-max °C	31,0	30,9	30,4	29,3	27,3	25,4	25,4	26,5	28,0	29,4	30,1	30,9	28,7
5) T-min °C	21,2	21,3	20,0	12,9	14,4	12,0	11,2	12,7	15,2	17,3	18,9	20,3	16,9

(53) CHOBELA

Lage: südl. Breite 25° 00', östl. Länge 32° 44' — Höhe in Metern: 40 — Beobachtungsjahre: Temp. 15, Niederschlag 18

	I	II	III	IV	V	VI	VII	VIII	IX	X	XI	XII	Jahr
1) N mm	104	133	117	45	24	19	15	11	30	41	92	103	734
2) PET mm	156	150	141	144	138	128	130	140	152	163	170	174	1786
3) N/PET = i	0,667	0,887	0,830	0,313	0,174	0,148	0,115	0,079	0,197	0,252	0,541	0,592	0,411
4) T-max °C	32,6	32,2	31,0	30,4	28,4	26,4	26,3	27,8	29,7	31,4	32,5	32,1	30,2
5) T-min °C	20,9	20,6	19,5	17,8	14,0	11,3	10,6	12,1	14,7	17,0	18,7	19,2	16,4

(54) CHONGOENE

Lage: südl. Breite 25° 00', östl. Länge 33° 47' — Höhe in Metern: 67 — Beobachtungsjahre: Temp. 12, Niederschlag 12

	I	II	III	IV	V	VI	VII	VIII	IX	X	XI	XII	Jahr
1) N mm	116	232	123	90	70	78	47	43	54	49	104	156	1162
2) PET mm	124	120	122	123	116	107	108	114	119	126	128	127	1434
3) N/PET = i	0,935	1,933	1,008	0,732	0,603	0,729	0,435	0,377	0,454	0,389	0,813	1,228	0,810
4) T-max °C	30,4	30,2	29,5	29,0	27,1	25,0	24,8	26,0	27,5	29,2	29,8	30,3	28,2
5) T-min °C	20,6	20,7	19,2	17,9	15,2	12,4	11,9	13,2	15,7	17,9	18,9	20,2	17,0

Nr. Stationsname			Lage		Beobachtungsjahre		I	II	III	IV	V	VI	VII	VIII	IX	X	XI	XII	Jahr
			südl. Breite	östl. Länge	Höhe in Metern	Temp. Niederschlag													
(55) SKUKUZA			24° 59'	31° 36'	277	44 46													
	1)	N mm					105	97	76	34	16	7	10	8	23	34	83	85	578
	2)	PET mm					158	158	154	152	145	139	138	152	164	165	166	162	1853
	3)	N/PET = i					0,665	0,614	0,494	0,224	0,110	0,050	0,072	0,053	0,140	0,206	0,500	0,525	0,312
	4)	T-max °C					32,3	32,3	31,2	29,8	27,4	25,6	25,4	27,2	29,4	30,8	31,8	32,3	29,6
	5)	T-min °C					19,6	19,4	17,9	14,8	10,2	6,1	5,6	7,6	11,6	15,1	17,5	19,2	13,7
(56) GRASKOP			24° 56'	30° 51'	1478	38 54													
	1)						316	300	257	107	42	21	30	32	60	108	204	254	1731
	2)						79	77	73	75	75	70	68	79	87	93	90	85	951
	3)						4,000	3,896	3,521	1,427	0,564	0,300	0,441	0,405	0,690	1,161	2,267	2,989	1,820
	4)						22,8	22,3	21,4	20,6	18,9	17,4	16,8	18,9	21,0	22,7	22,8	22,7	20,7
	5)						13,6	13,1	12,4	10,1	6,8	4,7	4,2	5,6	8,1	10,3	11,3	12,3	9,4
(57) PILGRIMS REST			24° 54'	30° 45'	1280	20 20													
	1)						190	174	147	58	24	10	14	12	30	54	117	142	972
	2)						109	106	101	108	105	99	96	107	119	123	110	115	1298
	3)						1,743	1,642	1,455	0,537	0,229	0,101	0,146	0,112	0,252	0,439	1,064	1,235	0,749
	4)						26,1	25,7	24,7	24,1	22,0	20,2	20,0	22,0	24,3	25,8	25,5	26,3	23,9
	5)						14,4	14,2	13,1	10,1	5,4	2,3	2,5	4,7	7,7	10,8	12,6	13,9	9,3

Nr. Stationsname		I	II	III	IV	V	VI	VII	VIII	IX	X	XI	XII	Jahr
(58) BOSBORKRAND														
Lage: südl. Breite 24° 50' — östl. Länge 31° 04' — Höhe in Metern 853 — Beobachtungsjahre Temp. 8 / Niederschlag 43														
N mm	1)	177	203	168	75	22	12	19	10	33	64	130	175	1088
PET mm	2)	116	115	111	107	104	96	95	102	118	129	128	120	1341
N/PET = i	3)	1,526	1,765	1,514	0,701	0,212	0,125	0,200	0,098	0,280	0,496	1,016	1,458	0,811
T-max °C	4)	28,3	28,2	27,2	25,9	24,4	22,6	22,3	23,8	25,9	27,8	28,3	28,5	26,1
T-min °C	5)	17,7	17,6	16,4	14,4	11,7	9,3	8,9	10,1	12,3	14,4	15,7	17,3	13,8
(59) SEKHUKHUNI LAND														
Lage: südl. Breite 24° 45' — östl. Länge 30° 01' — Höhe in Metern 1265 — Beobachtungsjahre Temp. 11 / Niederschlag 46														
	1)	112	86	74	32	13	4	6	6	16	48	102	98	597
	2)	110	109	107	105	97	83	81	96	104	124	115	110	1241
	3)	1,018	0,789	0,692	0,305	0,134	0,048	0,074	0,063	0,154	0,387	0,887	0,891	0,481
	4)	27,3	27,0	26,3	24,9	22,9	20,3	19,8	22,4	24,6	27,4	27,2	27,1	24,8
	5)	16,8	16,4	15,3	12,7	9,8	7,6	6,9	8,9	12,2	14,5	15,7	16,4	12,8
(60) MANIQUENIQUE														
Lage: südl. Breite 24° 44' — östl. Länge 33° 32' — Höhe in Metern 13 — Beobachtungsjahre Temp. 12 / Niederschlag 12														
	1)	93	171	109	51	45	36	34	19	31	39	84	121	833
	2)	178	170	158	152	134	126	124	141	149	164	163	162	1821
	3)	0,522	1,006	0,690	0,336	0,336	0,286	0,274	0,135	0,208	0,238	0,515	0,747	0,457
	4)	33,6	32,9	31,6	30,7	28,1	26,4	25,7	27,7	29,7	31,5	32,4	33,0	34,3
	5)	19,7	19,3	18,2	17,1	14,1	11,8	10,4	11,7	15,1	17,1	19,3	20,5	16,2

Nr. Stationsname		I	II	III	IV	V	VI	VII	VIII	IX	X	XI	XII	Jahr
(61) MABOKI														
Lage: südl. Breite 24° 43' — östl. Länge 31° 02' — Höhe in Metern 853 — Temp. 18 — Niederschlag 23														
	1) N mm	178	152	141	45	27	7	22	13	19	59	123	164	950
	2) PET mm	117	113	111	108	102	95	89	104	113	120	118	119	1314
	3) N/PET = i	1,521	1,288	1,270	0,417	0,265	0,074	0,247	0,125	0,168	0,492	1,042	1,378	0,723
	4) T-max °C	28,9	29,0	27,1	26,4	24,8	23,1	22,5	24,4	26,1	27,7	28,1	28,8	26,5
	5) T-min °C	18,7	18,7	17,8	15,3	13,1	10,9	10,8	11,8	13,6	15,8	17,2	18,4	15,2
(62) MANJACAZE														
Lage: südl. Breite 24° 43' — östl. Länge 33° 35' — Höhe in Metern 65 — Temp. 23 — Niederschlag 27														
	1)	114	139	93	46	33	36	23	19	35	35	73	76	722
	2)	173	164	152	158	141	122	122	136	154	176	178	178	1854
	3)	0,659	0,848	0,612	0,291	0,234	0,295	0,189	0,140	0,227	0,199	0,410	0,427	0,389
	4)	33,5	32,8	31,6	31,3	29,0	26,8	26,2	28,0	29,8	32,2	33,0	33,3	30,6
	5)	20,2	20,0	19,2	17,8	14,9	13,4	12,1	13,4	14,7	16,7	18,4	19,1	16,6
(63) QUISSICO														
Lage: südl. Breite 24° 43' — östl. Länge 34° 45' — Höhe in Metern 147 — Temp. 30 — Niederschlag 30														
	1)	159	109	108	84	74	58	43	34	35	40	98	116	958
	2)	108	106	101	102	96	95	93	94	107	119	113	117	1251
	3)	1,472	1,028	1,069	0,824	0,771	0,511	0,462	0,362	0,327	0,336	0,867	0,991	0,766
	4)	29,8	29,8	29,1	28,3	26,6	25,5	25,1	25,4	27,0	28,8	29,0	29,8	27,9
	5)	21,5	21,7	21,1	19,7	17,6	15,8	15,3	15,7	16,8	18,3	19,4	20,4	18,6

Nr. Stationsname: (64) CHAMPAGNE

Lage: südl. Breite 24° 41', östl. Länge 31° 16', Höhe in Metern 610
Beobachtungsjahre: Niederschlag 35, Temp. 7

	I	II	III	IV	V	VI	VII	VIII	IX	X	XI	XII	Jahr
1) N mm	159	151	115	57	18	12	15	7	31	50	115	128	858
2) PET mm	148	142	133	127	127	125	119	128	140	158	158	151	1656
3) N/PET = i	1,074	1,063	0,865	0,449	0,142	0,096	0,126	0,055	0,221	0,316	0,728	0,848	0,518
4) T-max °C	31,1	30,8	29,6	27,7	26,1	24,8	24,0	25,7	27,8	30,3	30,9	30,9	28,3
5) T-min °C	18,7	18,9	17,8	14,6	10,7	7,6	7,1	9,3	12,3	15,1	16,8	17,9	13,9

(65) CHIBUTO

Lage: südl. Breite 24° 41', östl. Länge 33° 32', Höhe in Metern 90
Beobachtungsjahre: Niederschlag 29, Temp. 27

	I	II	III	IV	V	VI	VII	VIII	IX	X	XI	XII	Jahr
1)	100	129	119	44	42	29	22	19	28	37	80	105	754
2)	166	152	144	141	119	104	108	131	154	173	172	171	1735
3)	0,602	0,849	0,826	0,312	0,353	0,279	0,204	0,145	0,182	0,214	0,465	0,614	0,435
4)	33,7	32,9	32,0	31,0	28,2	25,9	26,0	28,2	30,6	32,7	33,2	33,6	30,7
5)	21,5	21,6	21,0	19,4	17,1	14,9	14,4	14,9	16,5	18,5	19,6	20,6	18,3

(66) VILA TRIGO DE MARAIS

Lage: südl. Breite 24° 31', östl. Länge 33° 00', Höhe in Metern 33
Beobachtungsjahre: Niederschlag 30, Temp. 30

	I	II	III	IV	V	VI	VII	VIII	IX	X	XI	XII	Jahr
1)	103	126	83	43	22	17	15	12	22	29	74	88	634
2)	170	152	145	142	136	119	120	136	149	163	165	164	1761
3)	0,606	0,829	0,572	0,303	0,162	0,143	0,125	0,088	0,148	0,178	0,448	0,537	0,360
4)	33,9	32,9	31,9	30,5	28,5	25,8	25,7	27,7	30,0	32,0	32,8	33,5	30,4
5)	21,5	21,6	20,6	18,3	14,6	11,9	11,2	12,8	15,9	18,4	19,8	21,3	17,3

Nr. Stationsname	Lage			Beobachtungsjahre	
	südl. Breite	östl. Länge	Höhe in Metern	Temp.	Niederschlag

(67) MOCÚMBI — südl. Breite 24° 30', östl. Länge 34° 48', Höhe in Metern 45, Temp. 30, Niederschlag 30

	I	II	III	IV	V	VI	VII	VIII	IX	X	XI	XII	Jahr
1) N mm	109	93	100	56	50	47	28	25	26	41	89	98	762
2) PET mm	139	135	124	129	118	109	109	119	138	150	150	147	1567
3) N/PET = i	0,784	0,689	0,806	0,434	0,424	0,431	0,257	0,210	0,188	0,273	0,593	0,667	0,486
4) T-max °C	31,9	31,6	30,6	30,1	28,1	26,3	25,9	27,2	29,5	31,1	31,8	32,1	29,7
5) T-min °C	21,4	21,4	20,9	19,3	17,0	14,9	14,0	14,8	16,8	18,4	19,8	20,7	18,3

(68) INHARRIME — südl. Breite 24° 29', östl. Länge 35° 01', Höhe in Metern 43, Temp. 30, Niederschlag 30

	I	II	III	IV	V	VI	VII	VIII	IX	X	XI	XII	Jahr
1)	119	108	110	62	67	62	41	30	31	35	90	92	847
2)	134	129	123	125	116	107	103	114	125	138	136	143	1493
3)	0,888	0,837	0,894	0,496	0,578	0,579	0,398	0,263	0,248	0,254	0,662	0,643	0,567
4)	31,2	30,9	30,0	29,4	27,6	25,8	25,3	26,6	28,2	30,1	30,4	31,4	28,9
5)	20,8	20,9	20,0	18,5	16,4	14,2	13,1	14,5	16,0	18,0	19,0	20,0	17,7

(69) CANIÇADO — südl. Breite 24° 28', östl. Länge 33° 00', Höhe in Metern 33, Temp. 30, Niederschlag 30

	I	II	III	IV	V	VI	VII	VIII	IX	X	XI	XII	Jahr
1)	114	103	87	40	23	17	16	12	17	30	72	82	613
2)	167	152	144	138	130	119	121	134	150	164	163	162	1744
3)	0,683	0,678	0,604	0,290	0,177	0,143	0,132	0,090	0,113	0,183	0,442	0,506	0,351
4)	33,8	33,0	31,8	30,2	28,1	25,9	25,8	27,5	30,1	32,0	32,7	33,5	29,5
5)	21,6	21,7	20,6	18,4	14,8	12,0	11,3	12,8	15,9	18,4	19,8	21,5	17,4

Beobachtungsjahre: Niederschlag 14, Temp. 14 — **Höhe in Metern** 30 — **Lage:** südl. Breite 24° 18', östl. Länge 35° 11'

Nr. (70) NACOONGO

	I	II	III	IV	V	VI	VII	VIII	IX	X	XI	XII	Jahr
1) N mm	146	160	119	59	84	79	59	39	56	34	72	123	1030
2) PET mm	135	137	130	138	127	122	115	122	122	134	129	135	1546
3) N/PET = i	1,081	1,168	0,915	0,428	0,661	0,648	0,513	0,320	0,459	0,254	0,558	0,911	0,666
4) T-max °C	31,4	31,6	30,5	29,9	28,0	26,5	25,7	26,6	27,6	29,7	30,0	31,0	29,0
5) T-min °C	21,0	21,1	20,1	17,6	15,1	12,8	12,4	12,9	15,2	17,7	19,2	20,2	17,1

Beobachtungsjahre: Niederschlag 10, Temp. 13 — **Höhe in Metern** 686 — **Lage:** südl. Breite 24° 05', östl. Länge 30° 32'

Nr. (71) OFCOLACO

	I	II	III	IV	V	VI	VII	VIII	IX	X	XI	XII	Jahr
1)	127	116	110	44	18	14	6	5	16	30	77	102	665
2)	138	138	125	116	111	106	91	104	130	132	136	129	1456
3)	0,920	0,841	0,880	0,379	0,162	0,132	0,066	0,048	0,123	0,227	0,566	0,791	0,457
4)	30,4	30,2	29,0	27,6	25,7	24,1	23,3	25,4	27,8	29,1	29,8	29,6	27,7
5)	18,6	18,4	17,8	16,4	13,2	10,6	10,2	11,9	14,3	16,7	17,8	18,3	15,3

Beobachtungsjahre: Niederschlag 30, Temp. 30 — **Höhe in Metern** 150 — **Lage:** südl. Breite 24° 03', östl. Länge 34° 43'

Nr. (72) PANDA

	I	II	III	IV	V	VI	VII	VIII	IX	X	XI	XII	Jahr
1)	119	124	98	43	38	24	19	12	22	36	76	112	723
2)	175	170	155	148	130	116	113	126	153	174	175	180	1815
3)	0,680	0,729	0,632	0,291	0,292	0,207	0,168	0,095	0,144	0,207	0,434	0,622	0,398
4)	33,5	32,0	31,9	30,5	28,5	26,4	26,0	27,4	30,0	32,2	32,8	33,5	30,5
5)	19,8	19,7	19,3	17,5	15,6	13,9	13,5	14,3	15,4	17,0	18,2	19,2	17,0

Nr. Stationsname		I	II	III	IV	V	VI	VII	VIII	IX	X	XI	XII	Jahr
Lage		südl. Breite	östl. Länge						**Höhe in Metern**			**Beobachtungsjahre** Temp.	Niederschlag	
(73) DÜSSELDORP		24° 02'	30° 22'						550			4	9	
N mm	1)	165	78	108	40	8	2	17	3	11	40	66	127	665
PET mm	2)	134	134	122	126	126	118	110	131	141	146	131	129	1548
N/PET = i	3)	1,231	0,582	0,885	0,317	0,063	0,017	0,155	0,023	0,078	0,274	0,504	0,984	0,430
T-max °C	4)	30,1	29,9	28,6	27,1	24,9	23,2	22,3	24,7	27,0	28,9	29,2	29,6	27,1
T-min °C	5)	18,6	18,3	17,3	13,4	7,6	4,9	4,4	5,7	9,8	13,7	17,3	18,4	12,4
(74) LEYDSDORP		23° 59'	30° 32'						625			4	37	
	1)	125	125	77	49	17	7	8	5	18	44	90	122	687
	2)	135	130	129	122	117	102	101	116	132	140	143	132	1499
	3)	0,926	0,962	0,597	0,402	0,145	0,069	0,079	0,043	0,136	0,314	0,629	0,924	0,458
	4)	30,3	29,9	28,9	27,3	25,8	23,6	23,2	25,3	27,6	29,2	30,0	29,8	27,6
	5)	18,9	18,9	16,9	14,7	12,2	10,3	9,7	11,1	13,3	15,7	17,2	18,3	14,8
(75) NEW AGATHA		23° 57'	30° 09'						1097			16	24	
	1)	274	286	166	108	36	21	22	19	50	84	178	259	1503
	2)	87	87	72	74	61	56	59	72	81	96	85	88	918
	3)	3,149	3,287	2,306	1,459	0,590	0,375	0,373	0,264	0,617	0,875	2,094	2,943	1,637
	4)	25,1	24,9	23,3	22,6	20,4	18,9	18,2	20,3	22,3	24,5	24,2	24,7	22,4
	5)	16,4	16,1	15,8	14,2	13,0	11,5	9,9	10,3	12,1	13,6	15,1	16,2	13,7

Nr. Stationsname		Lage		Höhe in Metern		Beobachtungsjahre	
		südl. Breite	östl. Länge			Temp.	Niederschlag

	I	II	III	IV	V	VI	VII	VIII	IX	X	XI	XII	Jahr
(76) MAMATHOLA		23° 56'	30° 10'	1052		12	14						
1) N mm	282	227	198	66	30	9	14	12	23	84	145	232	1322
2) PET mm	95	94	90	79	72	66	62	77	93	104	93	95	1020
3) N/PET = i	2,968	2,415	2,200	0,835	0,417	0,136	0,226	0,156	0,247	0,808	1,559	2,442	1,296
4) T-max °C	26,0	25,9	24,7	22,9	20,9	19,4	18,8	21,2	23,9	25,6	25,3	25,8	23,4
5) T-min °C	16,8	16,6	15,1	13,7	11,6	10,2	9,8	11,1	12,9	14,4	15,5	16,2	13,7
(77) PHALABORWA		23° 56'	31° 09'	433		13	13						
1)	105	115	42	39	10	11	8	3	19	25	61	93	531
2)	136	128	123	131	125	106	121	128	144	154	151	139	1586
3)	0,774	0,901	0,342	0,295	0,080	0,102	0,068	0,023	0,135	0,165	0,403	0,672	0,335
4)	31,5	31,0	30,3	29,0	27,3	23,5	25,0	24,8	29,0	30,8	31,4	31,4	28,8
5)	21,0	21,1	20,6	16,8	12,0	9,1	9,2	6,8	14,4	17,1	19,0	20,5	15,6
(78) WELTEVREDEN		23° 55'	29° 57'	1250		5	37						
1)	216	201	163	66	23	19	23	17	35	68	121	173	1125
2)	102	101	101	95	90	83	83	97	113	114	108	105	1192
3)	2,118	1,990	1,614	0,695	0,256	0,229	0,277	0,175	0,310	0,596	1,120	1,648	0,944
4)	25,7	25,3	24,7	22,7	20,2	18,4	18,4	20,6	23,8	25,4	25,7	26,0	23,1
5)	14,9	14,2	13,1	9,8	5,6	2,4	2,4	3,9	8,2	11,9	13,9	14,8	9,6

Nr. Stationsname	Lage			Beobachtungsjahre	
	südl. Breite	östl. Länge	Höhe in Metern	Temp.	Niederschlag

(79) PIGEONHOLE — südl. Breite 23° 55', östl. Länge 30° 09', Höhe in Metern 1265, Temp. 13, Niederschlag 35

	I	II	III	IV	V	VI	VII	VIII	IX	X	XI	XII	Jahr
1) N mm	274	223	202	76	33	11	27	19	32	71	139	205	1310
2) PET mm	81	76	67	60	56	52	50	61	79	88	87	80	837
3) N/PET = i	3,383	2,934	3,015	1,267	0,589	0,212	0,540	0,311	0,405	0,807	1,518	2,563	1,565
4) T-max °C	23,9	23,4	22,3	20,6	18,9	17,0	16,7	18,7	21,6	23,5	23,9	23,6	21,2
5) T-min °C	15,3	15,3	14,9	13,3	11,5	9,1	8,8	9,9	11,3	13,2	14,1	14,8	12,6

(80) INHAMUSSUA — südl. Breite 23° 54', östl. Länge 35° 14', Höhe in Metern 37, Temp. 26, Niederschlag 28

	I	II	III	IV	V	VI	VII	VIII	IX	X	XI	XII	Jahr
1)	138	124	105	57	44	48	28	20	30	32	82	123	831
2)	150	152	148	150	139	124	126	136	143	150	149	145	1712
3)	0,920	0,816	0,709	0,380	0,317	0,387	0,222	0,147	0,210	0,213	0,550	0,848	0,485
4)	31,9	32,0	31,2	30,2	28,2	26,1	25,8	27,1	28,6	30,4	31,0	31,4	29,5
5)	20,1	20,0	19,0	16,4	13,4	11,4	10,2	11,3	13,6	16,6	18,3	19,6	15,8

(81) INHAMBANE — südl. Breite 23° 52', östl. Länge 35° 23', Höhe in Metern 14, Temp. 30, Niederschlag 30

	I	II	III	IV	V	VI	VII	VIII	IX	X	XI	XII	Jahr
1)	171	131	134	70	72	46	41	32	25	26	100	108	956
2)	53	53	51	48	44	41	39	41	44	48	48	52	562
3)	3,226	2,472	2,627	1,458	1,636	1,212	1,051	0,780	0,568	0,542	2,083	2,077	1,701
4)	26,7	26,7	25,8	24,6	22,4	20,5	20,0	20,6	22,2	23,8	24,7	26,0	23,7
5)	23,5	23,5	22,6	21,2	18,9	16,9	16,4	16,9	18,7	20,3	21,4	22,7	20,3

Nr.	Stationsname	Lage südl. Breite	Lage östl. Länge	Höhe in Metern	Beobachtungsjahre Temp.	Beobachtungsjahre Niederschlag
(82)	MONDSWANI-LETABA	23° 51'	31° 35'	215	12	22
(83)	WOODBUSH	23° 50'	30° 00'	1528	19	54
(84)	PUSELLA	23° 49'	30° 10'	748	19	37

(82) MONDSWANI-LETABA

	I	II	III	IV	V	VI	VII	VIII	IX	X	XI	XII	Jahr
1) N mm	76	76	70	31	9	6	13	3	15	24	57	97	477
2) PET mm	170	157	149	156	159	148	141	154	174	180	182	172	1942
3) N/PET = i	0,447	0,484	0,470	0,199	0,057	0,041	0,092	0,019	0,086	0,133	0,313	0,564	0,246
4) T-max °C	33,2	32,5	31,4	30,1	28,2	26,4	25,8	27,7	30,4	32,2	33,1	33,2	30,3
5) T-min °C	20,1	20,4	19,2	14,8	9,2	6,1	6,2	8,6	12,3	16,1	18,0	19,8	14,2

(83) WOODBUSH

	I	II	III	IV	V	VI	VII	VIII	IX	X	XI	XII	Jahr
1)	371	321	273	98	46	21	31	29	52	115	194	276	1827
2)	75	68	65	67	64	56	55	65	79	82	82	78	836
3)	4,947	4,721	4,200	1,463	0,719	0,375	0,564	0,446	0,658	1,402	2,366	3,538	2,185
4)	23,0	21,5	20,7	19,9	18,2	16,0	15,7	17,6	20,2	21,6	22,0	22,3	19,8
5)	13,1	13,4	12,7	11,0	8,2	6,0	5,9	7,0	8,6	10,7	11,6	12,8	10,1

(84) PUSELLA

	I	II	III	IV	V	VI	VII	VIII	IX	X	XI	XII	Jahr
1)	212	174	153	73	21	12	15	12	25	52	121	163	1033
2)	126	120	117	122	125	117	116	128	141	141	137	131	1521
3)	1,683	1,450	1,308	0,598	0,168	0,103	0,129	0,094	0,177	0,369	0,883	1,244	0,679
4)	29,1	28,6	27,7	26,8	25,1	23,2	23,1	24,8	27,0	28,4	28,8	29,0	26,8
5)	17,7	17,7	16,4	13,4	8,4	5,1	5,0	6,8	10,0	13,4	15,4	16,8	12,2

Nr. Stationsname		I	II	III	IV	V	VI	VII	VIII	IX	X	XI	XII	Jahr
(85) PLATVELD														
Lage: südl. Breite 23° 49' — östl. Länge 30° 45' — Höhe in Metern 490														
Beobachtungsjahre: Temp. 5 — Niederschlag 37														
N mm	1)	86	86	61	38	10	5	10	2	12	28	65	94	497
PET mm	2)	133	126	124	126	132	120	114	132	136	146	135	131	1555
N/PET = i	3)	0,647	0,683	0,492	0,302	0,078	0,042	0,088	0,015	0,088	0,192	0,481	0,718	0,320
T-max °C	4)	30,7	30,1	29,4	28,0	26,5	24,4	23,8	26,1	27,9	30,1	30,2	30,6	28,2
T-min °C	5)	19,9	19,7	18,7	15,2	10,7	7,8	7,8	9,4	13,2	16,7	18,7	20,0	14,8
(86) CHESTER														
Lage: südl. Breite 23° 47' — östl. Länge 30° 36' — Höhe in Metern 518														
Beobachtungsjahre: Temp. 17 — Niederschlag 31														
	1)	114	98	74	37	16	6	10	3	15	31	68	107	579
	2)	148	136	132	135	142	131	125	134	153	159	158	147	1700
	3)	0,770	0,721	0,561	0,274	0,113	0,046	0,080	0,022	0,098	0,195	0,430	0,728	0,341
	4)	31,2	30,7	29,8	28,3	26,9	25,0	24,3	25,8	28,6	30,3	31,1	31,0	28,6
	5)	18,9	19,5	18,4	14,4	9,4	6,4	6,2	8,1	11,5	14,9	17,1	18,6	13,6
(87) BELVEDERE														
Lage: südl. Breite 23° 45' — östl. Länge 30° 05' — Höhe in Metern 975														
Beobachtungsjahre: Temp. 15 — Niederschlag 24														
	1)	263	242	192	88	28	17	14	22	32	71	125	215	1309
	2)	124	122	116	112	107	99	97	112	127	126	123	121	1386
	3)	2,121	1,984	1,655	0,786	0,262	0,172	0,144	0,196	0,252	0,563	1,016	1,777	0,994
	4)	28,3	28,1	27,3	25,9	24,2	22,3	21,9	24,0	26,2	27,3	27,7	27,9	25,9
	5)	16,3	16,3	15,6	13,3	10,6	7,9	7,6	9,0	11,1	13,7	15,4	16,1	12,7

Nr. Stationsname		I	II	III	IV	V	VI	VII	VIII	IX	X	XI	XII	Jahr
(88) MORRUMBENE														
Lage: südl. Breite 23° 40' — östl. Länge 35° 22' — Höhe in Metern 20 — Beobachtungsjahre Temp. 30 — Niederschlag 30														
N mm	1)	142	145	151	61	57	47	27	24	19	27	88	112	900
PET mm	2)	124	125	127	125	120	112	109	109	118	124	122	129	1444
N/PET = i	3)	1,145	1,160	1,139	0,488	0,475	0,420	0,248	0,220	0,161	0,218	0,721	0,868	0,623
T-max °C	4)	30,7	30,7	30,0	29,0	27,1	25,5	25,0	25,6	27,1	28,7	29,2	30,3	28,2
T-min °C	5)	21,0	20,9	19,4	17,6	14,6	12,5	12,0	12,9	15,0	17,4	18,6	19,7	16,8
(89) MASSINGA														
Lage: südl. Breite 23° 19' — östl. Länge 35° 24' — Höhe in Metern 109 — Beobachtungsjahre Temp. 29 — Niederschlag 30														
	1)	204	187	175	90	60	59	48	28	26	33	107	155	1172
	2)	160	162	147	140	132	119	118	127	138	152	152	155	1702
	3)	1,275	1,154	1,190	0,643	0,455	0,496	0,497	0,220	0,188	0,217	0,704	1,000	0,689
	4)	31,5	31,8	30,6	29,7	28,1	26,3	25,9	26,8	28,2	29,9	30,4	31,0	29,2
	5)	17,6	18,1	17,7	16,7	14,7	13,1	12,1	12,4	13,6	15,2	16,4	17,3	15,4
(90) LEMANA														
Lage: südl. Breite 23° 11' — östl. Länge 30° 03' — Höhe in Metern 914 — Beobachtungsjahre Temp. 17 — Niederschlag 31														
	1)	172	158	141	54	22	19	23	15	25	62	87	144	922
	2)	109	101	96	94	94	79	76	92	107	123	115	118	1204
	3)	1,578	1,564	1,469	0,562	0,234	0,241	0,303	0,163	0,234	0,504	0,757	1,220	0,766
	4)	27,2	26,3	25,7	24,4	22,9	20,3	19,5	22,3	24,7	27,2	27,0	27,5	24,6
	5)	16,7	16,4	15,9	13,8	10,6	8,6	7,8	9,6	11,7	14,1	15,3	15,8	13,0

Nr. Stationsname		Lage		Höhe in Metern	Beobachtungsjahre	
		südl. Breite	östl. Länge		Temp.	Niederschlag

(91) ELIM — südl. Breite 23° 10', östl. Länge 30° 03', Höhe in Metern 808, Temp. 20, Niederschlag 57

	I	II	III	IV	V	VI	VII	VIII	IX	X	XI	XII	Jahr
1) N mm	167	140	120	38	19	10	15	9	15	41	74	118	766
2) PET mm	108	98	97	103	99	96	92	101	115	122	114	113	1258
3) N/PET = i	1,546	1,429	1,237	0,369	0,192	0,104	0,163	0,089	0,130	0,336	0,649	1,044	0,609
4) T-max °C	27,4	26,4	25,8	25,1	23,3	21,8	21,4	23,2	25,8	27,3	27,3	27,6	25,2
5) T-min °C	17,5	17,1	16,1	13,5	10,3	7,7	7,9	9,6	12,5	14,6	16,1	16,9	13,3

(92) FUNHALOURO — südl. Breite 23° 05', östl. Länge 34° 23', Höhe in Metern 116, Temp. 9, Niederschlag 18

	I	II	III	IV	V	VI	VII	VIII	IX	X	XI	XII	Jahr
1)	100	144	53	12	25	8	5	5	11	29	55	65	512
2)	203	175	176	177	154	138	143	158	187	206	209	208	2134
3)	0,493	0,823	0,301	0,068	0,162	0,058	0,035	0,032	0,059	0,141	0,263	0,313	0,240
4)	35,2	33,6	33,4	32,4	29,7	27,5	27,7	29,2	32,2	34,2	34,8	35,0	32,1
5)	20,2	20,2	19,6	17,2	14,2	12,0	14,2	12,1	14,8	17,0	18,2	19,0	16,3

(93) PAFURI — südl. Breite 22° 27', östl. Länge 31° 20', Höhe in Metern 215, Temp. 15, Niederschlag 25

	I	II	III	IV	V	VI	VII	VIII	IX	X	XI	XII	Jahr
1)	82	56	38	22	3	8	1	3	9	13	42	40	347
2)	184	177	172	175	161	150	158	176	190	208	196	197	2144
3)	0,446	0,316	0,221	0,126	0,019	0,053	0,006	0,017	0,047	0,063	0,214	0,355	0,162
4)	34,8	34,4	33,6	32,5	29,8	27,6	28,2	30,3	32,6	34,9	34,9	35,3	32,4
5)	21,6	21,6	20,5	17,8	13,2	9,4	9,2	11,6	15,5	18,7	20,3	21,2	16,7

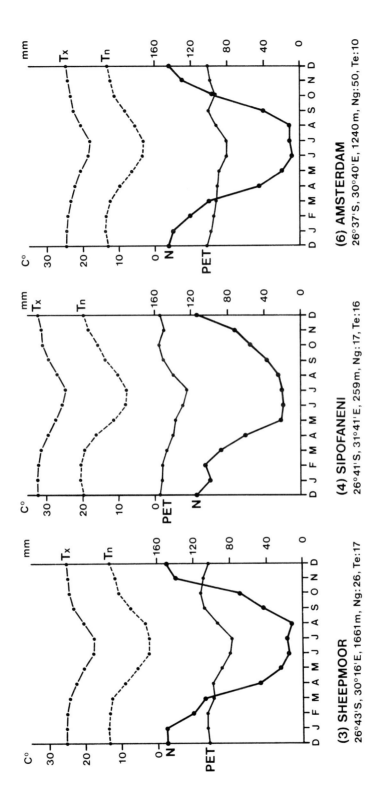

(3) SHEEPMOOR
26°43'S, 30°16'E, 1661m, Ng:26, Te:17

(4) SIPOFANENI
26°41'S, 31°41'E, 259m, Ng:17, Te:16

(6) AMSTERDAM
26°37'S, 30°40'E, 1240m, Ng:50, Te:10

84

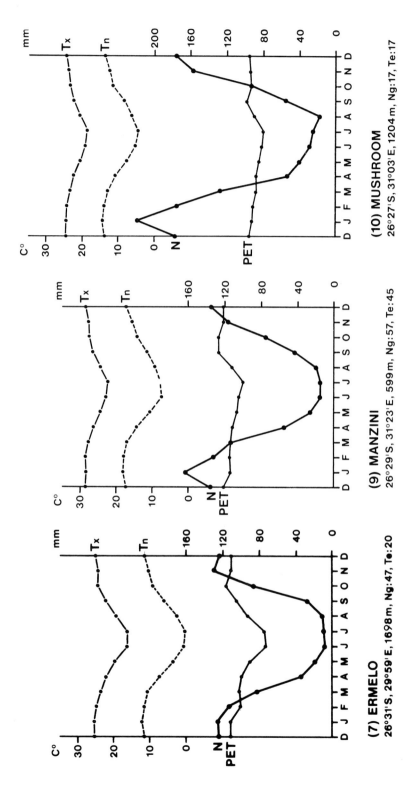

(10) MUSHROOM
26°27'S, 31°03'E, 1204m, Ng:17, Te:17

(9) MANZINI
26°29'S, 31°23'E, 599m, Ng:57, Te:45

(7) ERMELO
26°31'S, 29°59'E, 1698m, Ng:47, Te:20

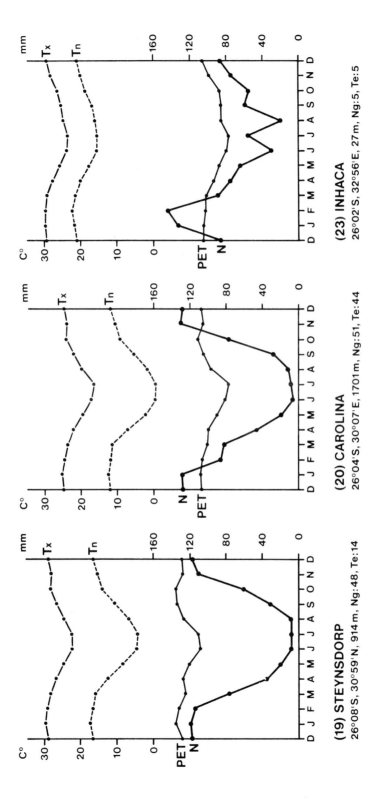

(19) STEYNSDORP
26°08'S, 30°59'N, 914m, Ng:48, Te:14

(20) CAROLINA
26°04'S, 30°07'E, 1701m, Ng:51, Te:44

(23) INHACA
26°02'S, 32°56'E, 27m, Ng:5, Te:5

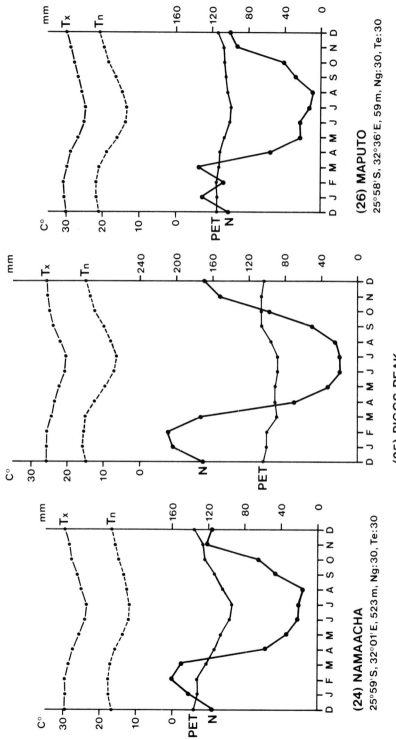

(24) NAMAACHA
25°59'S, 32°01'E, 523m, Ng:30, Te:30

(25) PIGGS PEAK
25°58'S, 31°15'E, 1012m, Ng:52, Te:46

(26) MAPUTO
25°58'S, 32°36'E, 59m, Ng:30, Te:30

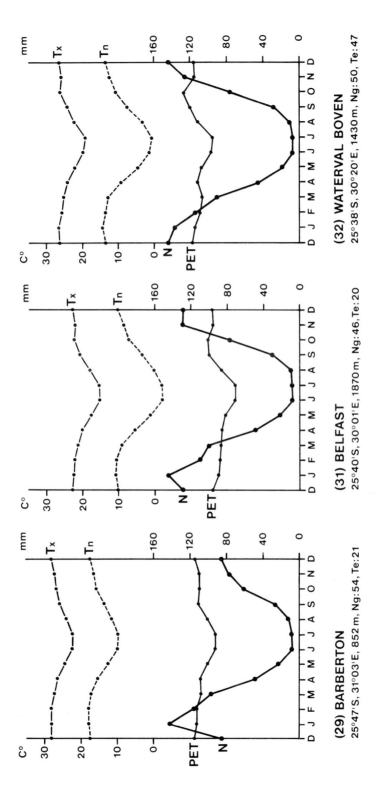

(32) WATERVAL BOVEN
25°38'S, 30°20'E, 1430 m, Ng:50, Te:47

(31) BELFAST
25°40'S, 30°01'E, 1870 m, Ng:46, Te:20

(29) BARBERTON
25°47'S, 31°03'E, 852 m, Ng:54, Te:21

88

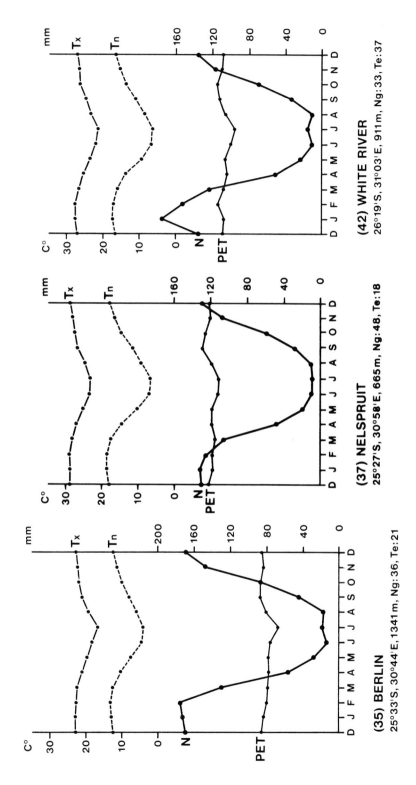

(42) WHITE RIVER
26°19'S, 31°03'E, 911m, Ng:33, Te:37

(37) NELSPRUIT
25°27'S, 30°58'E, 665m, Ng:48, Te:18

(35) BERLIN
25°33'S, 30°44'E, 1341m, Ng:36, Te:21

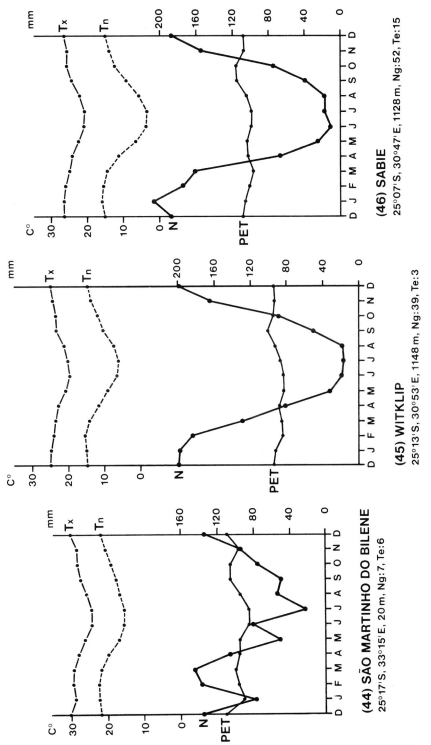

(44) SÃO MARTINHO DO BILENE
25°17'S, 33°15'E, 20 m, Ng:7, Te:6

(45) WITKLIP
25°13'S, 30°53'E, 1148 m, Ng:39, Te:3

(46) SABIE
25°07'S, 30°47'E, 1128 m, Ng:52, Te:15

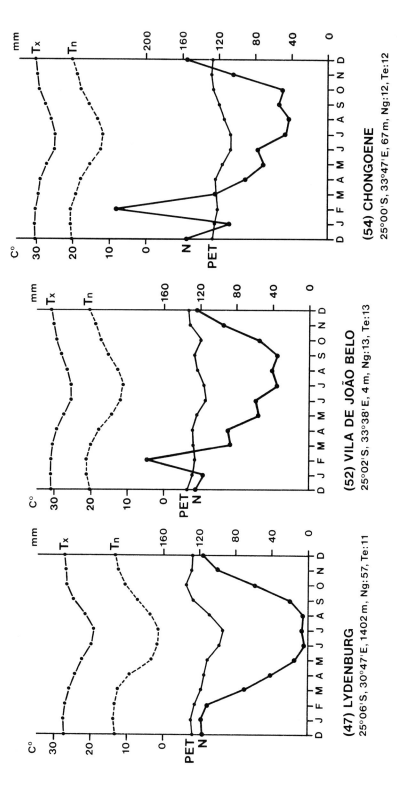

(54) CHONGOENE
25°00'S, 33°47'E, 67 m, Ng:12, Te:12

(52) VILA DE JOÃO BELO
25°02'S, 33°38'E, 4 m, Ng:13, Te:13

(47) LYDENBURG
25°06'S, 30°47'E, 1402 m, Ng:57, Te:11

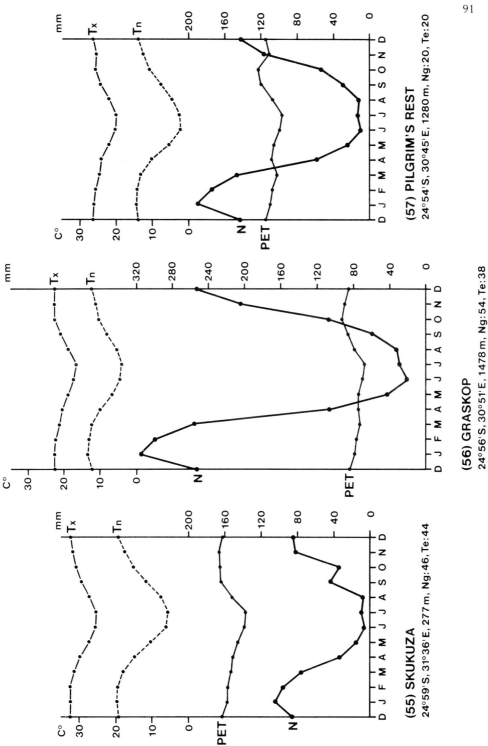

(57) PILGRIM'S REST
24°54'S, 30°45'E, 1280 m, Ng:20, Te:20

(56) GRASKOP
24°56'S, 30°51'E, 1478 m, Ng:54, Te:38

(55) SKUKUZA
24°59'S, 31°36'E, 277 m, Ng:46, Te:44

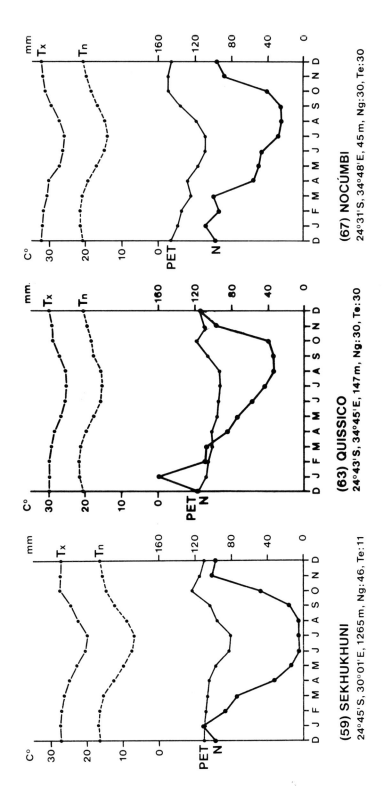

(67) NOCÚMBI
24°31'S, 34°48'E, 45 m, Ng:30, Te:30

(63) QUISSICO
24°43'S, 34°45'E, 147 m, Ng:30, Te:30

(59) SEKHUKHUNI
24°45'S, 30°01'E, 1265 m, Ng:46, Te:11

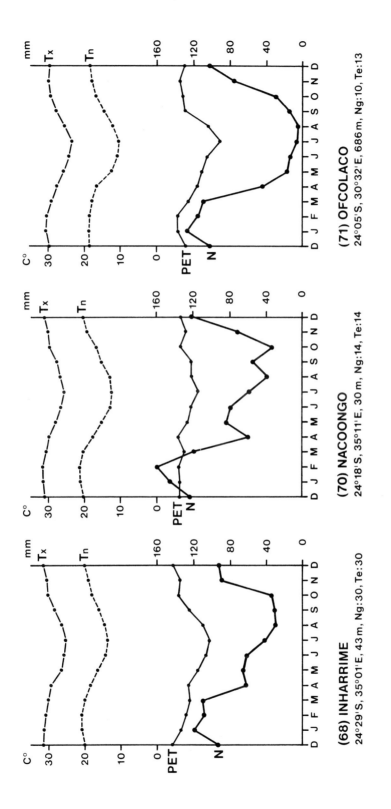

(71) OFCOLACO
24°05'S, 30°32'E, 686 m, Ng:10, Te:13

(70) NACOONGO
24°18'S, 35°11'E, 30 m, Ng:14, Te:14

(68) INHARRIME
24°29'S, 35°01'E, 43 m, Ng:30, Te:30

94

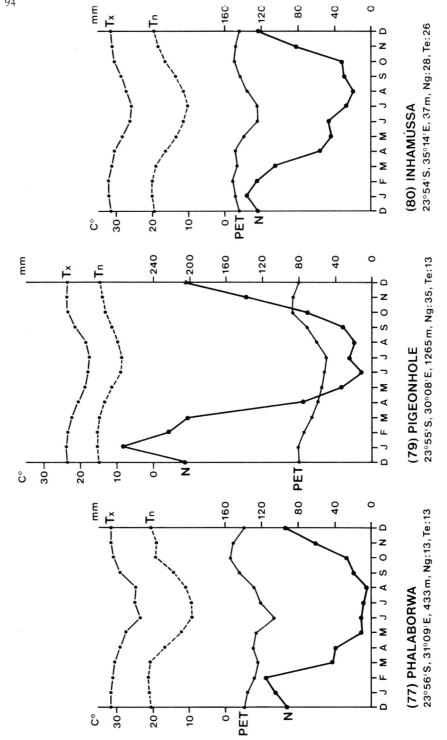

(77) PHALABORWA
23°56'S, 31°09'E, 433 m, Ng:13, Te:13

(79) PIGEONHOLE
23°55'S, 30°08'E, 1265 m, Ng:35, Te:13

(80) INHAMÚSSA
23°54'S, 35°14'E, 37 m, Ng:28, Te:26

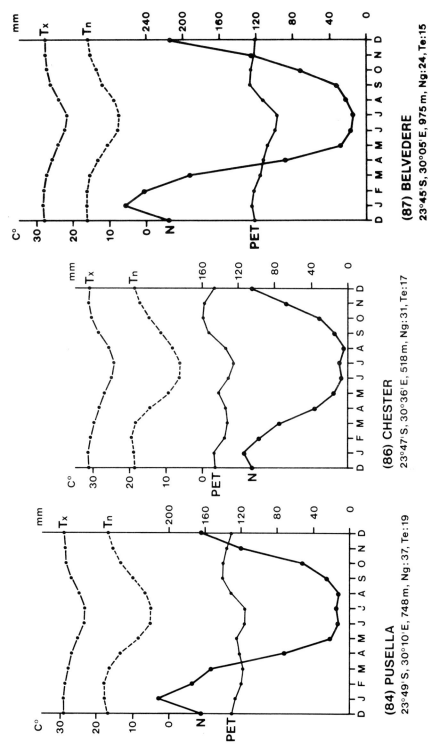

(87) BELVEDERE
23°45'S, 30°05'E, 975m, Ng:24, Te:15

(86) CHESTER
23°47'S, 30°36'E, 518m, Ng:31, Te:17

(84) PUSELLA
23°49'S, 30°10'E, 748m, Ng:37, Te:19

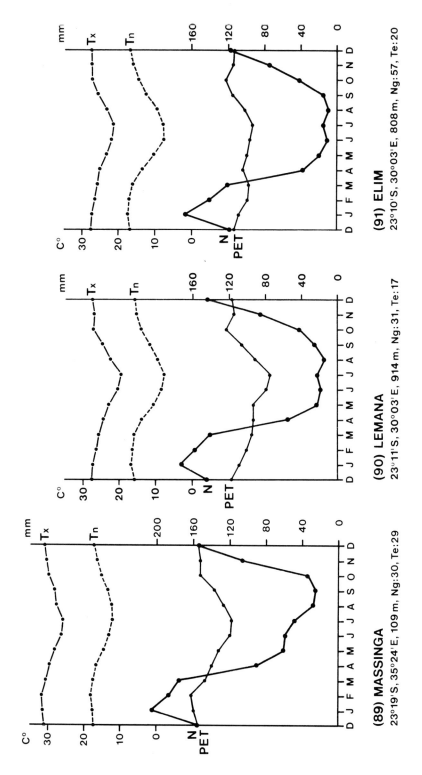

(89) MASSINGA
23°19'S, 35°24'E, 109 m, Ng:30, Te:29

(90) LEMANA
23°11'S, 30°03'E, 914 m, Ng:31, Te:17

(91) ELIM
23°10'S, 30°03'E, 808 m, Ng:57, Te:20